Sekundarstufe II

Biosphäre

Lösungen

Neurobiologie

Cornelsen

Biosphäre

Sekundarstufe II, Neurobiologie
Lösungen

Autorinnen und Autoren:
Joachim Becker, Dormagen; Christian Gröne, Lünen;
Martin Kamann, Köln; Michael Linkwitz, Rösrath;
Delia Nixdorf, Velbert; Harald Seufert, Düsseldorf

Redaktion:
Dr. Peggy Radant

Designberatung:
Katharina Wolff-Steininger, Ellen Meister

Umschlaggestaltung:
SOFAROBOTNIK GbR, Augsburg & München

Layout und technische Umsetzung:
MatMil & Kollegen Buch- und Medienherstellung GbR, Berlin

Grafik:
Hannes von Goessel, Erding

www.cornelsen.de

1. Auflage, 2. Druck 2017

Alle Drucke dieser Auflage sind inhaltlich unverändert
und können im Unterricht nebeneinander verwendet werden.

Druck:
H. Heenemann, Berlin

ISBN 978-3-06-420057-9

PEFC
PEFC/04-31-1156

PEFC zertifiziert
Dieses Produkt stammt aus nachhaltig bewirtschafteten Wäldern und kontrollierten Quellen.
www.pefc.de

INHALTSVERZEICHNIS

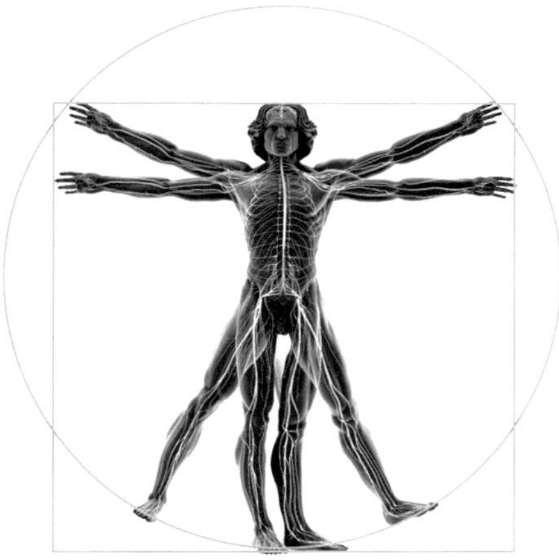

Nervensystem und Nervenzellen 6

Vom Reiz zur Reaktion 22

Wegpunkte der Hirnforschung

Seite 6–7

1 Erläutern Sie, welche Entdeckungen zur Theorie des zellulären Konnektionismus geführt haben!

Ende des 19. Jahrhunderts entdeckte Ramón y CAYAL anhand mikroskopischer Untersuchungen von Gehirnen verschiedener Tierarten, dass das Nervensystem aus einzelnen Nervenzellen, den Neuronen, aufgebaut ist. Dies war jedoch nur möglich, weil kurz zuvor von Camillo GOLGI eine Färbetechnik entwickelt wurde, die einzelne Nervenzellen sichtbar machen kann.

Unabhängig von den Beobachtungen CAYALs entdeckten Wissenschaftler, dass Neuronen elektrische Signale erzeugen und übertragen können.

Ebenfalls im 19. Jahrhundert erkannte Paul BROCA anhand von Läsionen des Großhirns, dass die Sprachfähigkeit in einer bestimmten Region des Großhirns lokalisiert ist.

Carl WERNICKE kam bei seinen Untersuchungen zu dem Ergebnis, dass verschiedene Gehirnregionen an der Sprachverarbeitung beteiligt sind.

Die Feststellung, dass das Gehirn aus Nervenzellen besteht, die über elektrische Signale miteinander kommunizieren, und dass verschiedene Gehirnregionen an der Verarbeitung der Signale beteiligt sind, führten zur Theorie des zellulären Konnektionismus.

Nervensystem und Nervenzellen

1 Struktur und Funktion des Nervensystems

Nervensysteme

Seite 10–12

1 Erläutern Sie am Beispiel der Cephalisation das Basiskonzept Struktur und Funktion!

Die evolutionäre Entwicklung verdeutlicht eine zunehmende Zentralisierung der Steuerung des Nervensystems im Kopfbereich. Der Bau des Gehirns wird insbesondere bei den Wirbeltieren zunehmend komplexer. Gleichzeitig ist zu beobachten, dass die Sinnesorgane weitgehend im Kopf konzentriert sind. Die Signale der Sinnesorgane werden im Gehirn verarbeitet und die meisten wichtigen Steuerungsprozesse finden hier statt. Die zunehmenden Differenzierungen und Segmentierungen des Gehirns gehen einher mit den besonderen Sinnesleistungen der Tiere. Diese Angepasstheiten sind ein Beispiel für das Basiskonzept Struktur und Funktion.

2 Beschreiben Sie den Aufbau des Nervensystems der Wirbeltiere!

Das Nervensystem der Wirbeltiere gliedert sich in das zentrale Nervensystem (ZNS) und in das periphere Nervensystem (PNS). Zum ZNS gehören das Gehirn und das Rückenmark. Das PNS umfasst alle Nerven, die die verschiedenen Körpergewebe mit dem ZNS verbinden. Man unterscheidet hierbei die Nerven, die von den Organen zum ZNS laufen und als sensorische oder auch als afferente Bahnen bezeichnet werden, von den Nerven, die vom ZNS zu den Organen laufen und als motorische oder auch als efferente Bahnen bezeichnet werden.
Die motorischen Bahnen werden nochmals untergliedert in das somatische Nervensystem, das muskelkoordinierte Bewegungen reguliert und der willentlichen Steuerung unterliegt, und in das autonome Nervensystem, das zu den Eingeweiden führt und nicht willentlich beeinflussbar ist.

Seite 13 (Material)

Material A – Wirbeltiergehirne und Gehirnentwicklung

A1 Beschreiben Sie die drei Stadien der Embryonalentwicklung des Gehirns!

Am vorderen Ende des Rückenmarks bilden sich im frühen Stadium der Gehirnentwicklung drei Gehirnbläschen, aus denen Vorderhirn, Mittelhirn und Rautenhirn hervorgehen. Im Verlauf der Embryonalentwicklung krümmt sich die Gehirnanlage zunehmend ein. Im mittleren Stadium bilden sich aus dem Vorderhirn das Großhirn und das Zwischenhirn. Aus dem Rautenhirn differenzieren sich Kleinhirn und Nachhirn heraus. Im späten Stadium nimmt das Volumen des Großhirns stark zu, sodass es andere Gehirnabschnitte überlagert.

A2 Vergleichen Sie den Bau der Wirbeltiergehirne in Bezug auf den Differenzierungsgrad und deuten Sie die Unterschiede!

Gemeinsamkeiten:
Alle Wirbeltiergehirne bestehen aus den Gehirnabschnitten Großhirn, Zwischenhirn, Mittelhirn, Kleinhirn und Nachhirn. Das Gehirn ist im Kopf zentralisiert.

Unterschiede:
Von den Fischen zu den Säugetieren nimmt die relative Größe des Gehirns im Verhältnis zur Körpermasse zu.
Die Gehirne weisen eine zunehmende Segmentierung auf. Bei der Großhirnrinde zeigen zunehmende Einfurchungen einen Trend zur Oberflächenvergrößerung. Insgesamt zeigt der Vergleich der Wirbeltiergehirne eine auffällige Vergrößerung des Großhirns von den Knochenfischen über Amphibien, Reptilien und Vögel zu den Säugetieren.
Das Vorderhirn der Fische dient hauptsächlich als Riechzentrum, während es bei den anderen Wirbeltieren zum Zentrum für die Verarbeitung aller Sinneseindrücke und damit zunehmend komplexer wird.
Beim Kleinhirn zeigen sich ebenfalls erhebliche Unterschiede. Es ist bei Fischen, Amphibien und Reptilien kaum ausgeprägt. Die Kleinhirne von Säugetieren und insbesondere Vögeln sind erheblich größer als die der anderen Wirbeltierklassen. Dies ist damit zu erklären, dass für die Koordination von komplexen Bewegungsabläufen entsprechend differenzierte Gehirnstrukturen notwendig sind.
Bei Mittelhirn und Nachhirn sind die Unterschiede weniger stark ausgeprägt. Das Mittelhirn ist für die Verschaltung der Sinneseindrücke zuständig. Erst im Großhirn finden die Prozesse der Verarbeitung der Sinnesreize statt.
Das Nachhirn ist der evolutionsbiologisch älteste Teil des Gehirns. Es steuert lebenswichtige Prozesse wie Herzschlag, Blutdruck und Atmung. Diese Prozesse sind für alle Wirbeltierklassen gleichermaßen bedeutsam. Daher gibt es in diesem Gehirnabschnitt kaum Veränderungen.

Vorderhirn und Rückenmark

Seite 14–16

1 Beschreiben Sie, wie man mithilfe einer elektrischen Sonde die Großhirnrinde kartieren kann!
Bei jeder Aktivität der Großhirnrinde entstehen elektrische Signale. Mithilfe einer Sonde kann man ein elektrisches Signal künstlich erzeugen, das in der Großhirnrinde verarbeitet wird. Die Testperson empfindet dies im Bereich des somatosensorischen Kortex, als ob sie an einer bestimmten Körperstelle berührt worden sei. Durch eine Vielzahl derartiger Messungen können die Funktionsbereiche der Großhirnrinde bestimmt und somit kartiert werden.

2 Erläutern Sie, weshalb es möglich ist, einen Flipper nur mit seinen Gedanken zu steuern!
Die Bewegungsabläufe, die für die Bedienung des Flippers notwendig sind, werden im motorischen Zentrum der Großhirnrinde gesteuert. Bei jeder Gehirnaktivität entstehen elektrische Signale, die über Sensoren messbar sind. Da das motorische Zentrum kartiert ist, weiß man, welche elektrischen Signale die jeweiligen Muskelaktivitäten steuern. Ein entsprechend programmierter Rechner kann diese Informationen auswerten und damit den Flipperautomaten steuern.

3 Erläutern Sie unter Berücksichtigung der Abbildung 05, weshalb Querschnittlähmungen unterschiedlich starke Auswirkungen haben können!
Eine Querschnittlähmung ist häufig die Folge einer Verletzung des Rückenmarks und hat zur Folge, dass die Verbindungen der motorischen und sensorischen Bahnen mit dem Gehirn unterbrochen sind. Aus der Abbildung geht hervor, dass die Verbindungen zum peripheren Nervensystem aus unterschiedlichen Regionen des Rückenmarks stammen. Erfolgt beispielsweise eine Verletzung des Rückenmarks im Bereich der Lendenwirbel, so bleiben die sensorischen und motorischen Bahnen, die für die Steuerung der oberen Extremitäten wichtig sind, unbeeinflusst. Eine Verletzung im Halswirbelbereich hätte demgegenüber die schwerwiegendsten Folgen, da alle Nervenbahnen betroffen wären.

Seite 17 (Material)

Material A – Somatosensorische Rindenfelder

A1 Beschreiben Sie die Gemeinsamkeiten und die Unterschiede der vier Abbildungen!
Bei allen vier Abbildungen ist erkennbar, dass die Körperoberfläche der Säugetiere nicht im gleichen Verhältnis in den somatosensorischen Rindenfeldern repräsentiert ist. Dadurch ergibt sich eine verzerrte Darstellung.
Beim Kaninchen und bei der Katze ist die Schnauzenregion sehr stark überrepräsentiert. Bei der Katze fällt zusätzlich auf, dass die Tatzen verhältnismäßig groß dargestellt sind. Beim Affen ist die Oberfläche, die die Schnauzenregion repräsentiert, im Verhältnis weniger groß als bei den beiden vorangegangen Tieren. Demgegenüber sind sowohl die für die Vorder- als auch die Hinterextremitäten zuständigen Rindenfelder stark repräsentiert. Beim Menschen sind die für die Zunge und die für die Lippen sowie die für die Finger zuständigen Regionen auffallend groß dargestellt.

A2 Deuten Sie die Besonderheiten, die sich aus den somatosensorischen Rindenfeldern der vier Lebewesen ableiten lassen!
Tast- und Geruchsinn haben offensichtlich für das Kaninchen und die Katze eine besondere Bedeutung. Die Größe der Tatzen ist mit der Beweglichkeit bei der Jagd erklärbar. Die beim Affen zu beobachtenden Ausprägungen lassen sich mit der Fähigkeit zur Fortbewegung in Bäumen erklären, für die sowohl die Vorder- als auch die Hinterextremitäten wichtig sind. Die Größe der Mundpartie lässt sich mit der Sprachfähigkeit des Menschen erklären. Die dargestellte Größe der Finger ist ein Hinweis auf die feinmotorischen Fähigkeiten des Menschen.

Material B – Rindenfelder und Sprache

B1 Beschreiben Sie den Signalfluss im Gehirn beim Nachsprechen und Vorlesen von Worten!
Beim Nachsprechen von Worten wird zunächst das für das Hören wichtige Rindenfeld aktiviert. Anschließend läuft die Informationsverarbeitung über das Wernicke- und das Broca-Areal, bis schließlich der motorische Kortex die Aussprache des Textes steuert.
Geschriebene Worte müssen erst durch die für das Sehen verantwortliche Großhirnrindenregion verarbeitet werden. Der weitere Signalfluss über Wernicke- und Broca-Areal zum motorischen Kortex entspricht dem des Nachsprechens.

B2 Erklären Sie die unterschiedlichen Beeinträchtigungen der Sprachfähigkeit anhand der dargestellten Modellvorstellung!
Eine Schädigung im Broca-Areal hat zur Folge, dass die betroffenen Patienten Sprache verstehen, aber selbst nicht sprechen können. Aus dem dargestellten Signalfluss geht hervor, dass der Aussprache eines Wortes die Verarbeitung im Broca-Areal vorausgeht. Somit ist die Fähigkeit zur Aussprache von der Funktionsfähigkeit des Broca-Areals abhängig.
Bei einer Schädigung des Wernicke-Areals sind die betroffenen Patienten nicht in der Lage, gesprochene Worte zu verstehen. Der Signalfluss verdeutlicht, dass die Informationen des Hörzentrums im Wernicke-Areal verarbeitet werden. Offensichtlich ist diese Region dafür verantwortlich, den Informationsgehalt der gehörten Worte zu entschlüsseln. Da die Broca-Region nicht betroffen ist, können diese Patienten eigene Worte problemlos erzeugen. Aus der Darstellung des

Informationsflusses geht weiterhin hervor, dass gelesene Worte auch im Wernicke-Areal verarbeitet werden. Es ist deshalb anzunehmen, dass die Patienten nicht in der Lage sind, einen geschriebenen Text zu verstehen.

Seite 18–19 (Im Blickpunkt Medizintechnik: Bildgebende Verfahren)

1 Beschreiben Sie die verschiedenen bildgebenden Verfahren und erläutern Sie ihre Anwendung!

Die Computertomografie ist ein Verfahren, bei dem eine Röntgenstrahlungsquelle eingesetzt wird. Während die Strahlungsquelle um den Kopf kreist, messen auf der gegenüberliegenden Seite Detektoren die nicht absorbierte Strahlung. Auf diese Weise entsteht ein Schnitt durch das Gehirn. Mehrere Schnittebenen werden nacheinander gemessen. Ein Computer setzt aus den so entstandenen Schnittbildern ein dreidimensionales Bild zusammen. Mit dem Verfahren können Tumore sichtbar gemacht werden.

Bei der Magnetresonanztomografie entstehen ebenfalls mehrere Schnittbilder, aus denen ein Computer ein räumliches Bild erstellt. Auch hiermit lassen sich Tumore sichtbar machen. Grundlage ist ein starkes Magnetfeld, das die Wasserstoffatome von Wassermolekülen kurzfristig in einen angeregten Zustand versetzt. Die Resonanzfrequenz, die beim Rückfall in einen niedrigeren Energiezustand frei wird, wird gemessen.

Mit dem Polarized-Light-Imaging kann der Verlauf der Nervenfasern im Gehirn bestimmt werden. Gehirnschnitte werden mit polarisiertem Licht bestrahlt. Aufgrund der veränderten Brechung des polarisierten Lichts bei unterschiedlichen Einstrahlwinkeln entstehen farbige Bilder des neuronalen Netzwerks. Das Verfahren ist bei lebenden Personen nicht anwendbar.

Anhand der Positronen-Emissions-Tomografie kann die Aktivität von Neuronen oder Gehirnarealen bestimmt werden. Dazu wird dem Patienten radioaktiv markierte Glukose injiziert. Bei aktiven Gehirnzellen ist der Glukoseumsatz erhöht. Sie nehmen die radioaktiv markierte Glukose auf. Beim radioaktiven Zerfall setzen diese Glukosemoleküle Photonen frei, die von ringförmig um den Kopf angeordneten Detektoren erfasst werden.

Mit der funktionellen Magnetresonanztomografie kann ebenfalls die Aktivität von Gehirnregionen bestimmt werden. Hierbei wird der unterschiedliche Sauerstoffbedarf von aktiven und nicht aktiven Gehirnzellen als Maß für die Aktivität genutzt. Da mit Sauerstoff beladenes Hämoglobin eine andere Resonanz im Magnetfeld hat als unbeladenes Hämoglobin, kann die Aktivität der Neuronen anhand ihrer Magnetresonanz bestimmt werden.

2 Erklären Sie, weshalb es notwendig ist, bei der funktionellen Bildgebung einen Kontrollversuch durchzuführen!

Wenn man anhand der Positronen-Emissions-Tomografie oder anhand der funktionellen Magnetresonanztomografie ein Bild des menschlichen Gehirns erzeugt, sieht man auf dem Computerbildschirm unterschiedlich gefärbte Bereiche, die auf unterschiedliche Aktivitäten der Gehirnregionen hinweisen. Es ist jedoch nicht möglich, zu erkennen, ob die Aktivitäten nur auf ein bestimmtes Verhalten, zum Beispiel das Aussprechen eines Wortes, zurückzuführen sind. Deshalb muss ein Kontrollversuch durchgeführt werden, bei dem die Versuchsperson stumm ist. Aus der Differenz der Signale beider Aufnahmen kann ermittelt werden, welche Aktivität mit der Aussprache des Wortes korreliert.

Neuronen und Gliazellen

Seite 20–22

1 Vergleichen Sie Struktur und Funktion von Neuronen und Gliazellen!

Gemeinsamkeiten:

Sowohl Neuronen als auch Gliazellen haben einen Zellkörper und Fortsätze. Sie sind Teil des zentralen Nervensystems.

Unterschiede:

Neuronen sind durch ein oder mehrere Fortsätze, die Axone und Dendriten, gekennzeichnet. Je nach Anzahl der Fortsätze werden sie als unipolar, bipolar oder multipolar bezeichnet. Axone können bis zu einen Meter lang werden. Über die Dendriten stehen Neuronen mit den Nachbarzellen mithilfe von Synapsenendknöpfchen in Kontakt. Neuronen haben die Aufgabe, Informationen über größere Strecken zu übertragen.

Gliazellen haben für die Neuronen unterstützende Funktionen. Je nach Funktion sind sehr unterschiedliche Zellstrukturen zu beobachten. Astrozyten sind unregelmäßig geformt und haben lange Zellfortsätze. Sie regulieren die extrazelluläre Zusammensetzung der Neuronen und sie verhindern das Eindringen giftiger Substanzen aus dem Blut in das Gehirn. Mikroglia beseitigen abgestorbene oder degenerierte Neuronen. Schwann-Zellen und Oligodendrozyten umwickeln das Axon und isolieren es auf diese Weise.

2 Erläutern Sie den Transport von Stoffwechselprodukten durch das Axon!

Da die Proteinbiosynthese nur im Soma der Neuronen stattfindet, müssen die produzierten Proteine entlang des Axons bis in die Synapsenendknöpfchen transportiert werden. Hierzu werden die Proteinmoleküle in Vesikel des Golgi-Apparats eingeschlossen. Die Vesikel werden entlang von Mikrotubuli, die längs des Axons verlaufen, transportiert. Den Transport übernehmen spezifische, als Kinesin bezeichnete Proteine mithilfe von beinartigen Fortsätzen unter ATP-Verbrauch.

Seite 23 (Material)

Material A – Gliazellen im Gehirn

A1 Erläutern Sie anhand des Balkendiagramms die Bedeutung der Astrozyten für die Regeneration der Myelinscheide!
Das Balkendiagramm zeigt die relative Menge neuer Myelinscheiden drei Wochen nachdem das Gehirngewebe mit einem Gift behandelt wurde, das die Myelinscheide beschädigt. In Gegenwart funktionsfähiger Astrozyten liegt die relative Menge neuer Myelinscheiden bei 1,0. Das heißt, die Myelinscheiden wurden zu 100 Prozent regeneriert. Wenn die Astrozyten defekt sind, liegt die relative Menge neuer Myelinscheiden bei 0,15. Es wurden also nur 15 Prozent regeneriert. Somit wird deutlich, dass die Astrozyten in erheblichem Maße zur Regeneration der geschädigten Myelinscheide beitragen.

A2 Beschreiben Sie anhand der schematischen Darstellungen den Ablauf der Entfernung beschädigter Myelinscheiden!
Im ersten Schritt setzen die Astrozyten einen Botenstoff frei. Nach Kontakt mit dem Botenstoff wandern Mikrogliazellen in das geschädigte Gewebe ein. Sie können nun mittels Phagozytose das geschädigte Gewebe entfernen. Anschließend bilden Oligodendrozyten neue Myelinscheiden.

A3 Erklären Sie, welche Bedeutung der Gliazellen für das Gehirn aus diesen Befunden ableitbar ist!
Verschiedene Typen von Gliazellen sind gemeinsam dafür verantwortlich, die Struktur und damit die Funktion der Neuronen zu kontrollieren und neu aufzubauen. Aus den Experimenten geht hervor, dass die Astrozyten den Regenerationsprozess durch freigesetzte Botenstoffe einleiten. Mikrogliazellen können zerstörtes Gewebe entfernen und Oligodendrozyten neue Myelinscheiden bilden.

Material B – Proteintransport im Axon

B1 Ermitteln Sie anhand der Ausbreitung der radioaktiv markierten Proteine die Transportrate im Axon pro Tag!
Im Koordinatensystem ist auf der y-Achse ein Zeitrahmen von zehn Stunden dargestellt. Auf der x-Achse lässt sich ablesen, in welcher Entfernung radioaktiv strahlende Proteine nachzuweisen sind, nachdem die radioaktiv markierte Aminosäure Leucin in den Ischiasnerv einer Katze injiziert wurde. Nach zehn Stunden lassen sich die Proteine etwa 170 Millimeter vom Injektionsort nachweisen. Das entspricht einer durchschnittlichen Ausbreitungsgeschwindigkeit von 17 Millimetern pro Stunde. Auf dieser Basis ist in 24 Stunden eine Ausbreitung von 408 Millimetern zu erwarten.

B2 Erklären Sie den geringeren Wert der Ausbreitung radioaktiv markierter Proteine innerhalb der ersten beiden Stunden!
Aminosäuren sind die Bausteine der Proteine. Da nur die Proteine entlang des Axons transportiert werden, kann man erst dann Messergebnisse ablesen, nachdem in der Proteinbiosynthese radioaktives Leucin in Proteine eingebaut wurde.

B3 Begründen Sie, weshalb es bei diesem Experiment notwendig ist, die radioaktiv markierte Aminosäure in das Soma zu injizieren und nicht direkt in das Axon!
Nur im Soma befinden sich die für die Proteinbiosynthese notwendigen Zellstrukturen. Die fertigen Proteine werden in Vesikel verpackt und entlang der Mikrotubuli unter Energieverbrauch transportiert. Mit diesem Experiment kann also überprüft werden, wie schnell die Proteine transportiert werden. Würde man eine radioaktiv markierte Aminosäure in das Axon injizieren, könnte diese nicht in ein Protein eingebaut werden. Sie würde außerdem nicht durch den Golgi-Apparat in ein Vesikel gepackt. Der aktive Transport würde somit nicht stattfinden.

2 Signalübertragung innerhalb von Neuronen

Entstehung des Membranpotenzials

Seite 24–26

1 Erklären Sie anhand von Abbildung 02 auf Seite 25 die Entstehung eines Gleichgewichtspotenzials!
Bei der linken Abbildung ist keine Spannung messbar, da die Kaliumionenkanäle geschlossen sind. Die Konzentrationen und damit die Ladungen von Kationen und Anionen gleichen sich aus.

Auf dem mittleren Bild erkennt man aus der Zelle hinausdiffundierte Kaliumionen, da die Kaliumionenkanäle geöffnet sind. Im Zellinneren befindet sich eine höhere Konzentration von Anionen, die die Membran nicht passieren können. Außerhalb der Zelle ist die Konzentration an Kationen erhöht. Dies führt zu einer Potenzialdifferenz, die als Spannung, hier -40 Millivolt, messbar ist.

Das rechte Bild zeigt eine stärker erhöhte Kaliumionenkonzentration außerhalb der Zelle. Deshalb sind die Potenzialdifferenz und damit die gemessene Spannung von -80 Millivolt noch höher.
Da die Anziehungskräfte auf die Kaliumionen in der Zelle mit zunehmender Potenzialdifferenz steigen, ist ein Zustand erreicht, bei dem die Anzahl der herausdiffundierenden Kaliumionen gleich der Anzahl der in die Zelle hineindiffundierenden Kaliumionen ist. Dieser Zustand, bei dem die Kräfte des elektrischen Potenzials denen des Konzentrationsgradienten entsprechen, wird als Gleichgewichtspotenzial bezeichnet.

2 Erläutern Sie, weshalb innerhalb eines Neurons keine Spannung messbar ist!
Innerhalb einer Zelle ist keine Spannung messbar, da zwischen Anode und Kathode keine Potenzialdifferenz vorliegt. Erst, wenn Ladungen durch eine elektrisch isolierende Schicht voneinander getrennt werden, kann eine Potenzialdifferenz und damit eine Spannung gemessen werden.

3 Beschreiben Sie die Methoden zur Messung von Membranpotenzialen!
Bei der als Voltage-Clamp bezeichneten Spannungsklemme verwendet man zur Messung eine mit einer konzentrierten Salzlösung gefüllte Mikropipette aus Glas als Elektrode, die in die Zelle hineingeführt wird. In der Pipette befindet sich ein Draht, der über einen Verstärker mit einem Oszilloskop verbunden ist. Mit dieser Methode lassen sich die Spannungen zwischen Zellinnerem und Zelläußerem messen.
Bei der Patch-Clamp-Technik wird ebenfalls eine Mikropipette aus Glas mit einer Salzlösung und einem feinen Draht verwendet. Die Mikropipette hat einen Durchmesser von einem Mikrometer und sehr glatte Ränder. Mithilfe eines leichten Unterdrucks kann ein einzelner Ionenkanal der Membran angesaugt werden. Auf diese Weise lassen sich die Ströme an einem einzelnen Ionenkanal messen.

Seite 27 (Material)

Material A – Modellversuch zum Gleichgewichtspotenzial

A1 Erläutern Sie die Vorgänge im Becherglas nach Erhöhung der Kaliumchloridkonzentration in der linken Kammer!
Nach Erhöhung der Kaliumchloridkonzentration in der linken Kammer entsteht ein Konzentrationsgefälle zwischen den beiden Kammern, da sowohl die Kalium- als auch die Chloridionenkonzentration auf der linken Seite höher ist als auf der rechten Seite. Aufgrund des Konzentrationsgefälles kommt es zu einer Nettodiffusion der Kaliumionen in die rechte Kammer. Da die Membran für die Chloridionen impermeabel ist, bleibt deren Konzentration auf der rechten Seite unverändert. Aufgrund der Nettodiffusion der Kaliumionen entsteht ein Ladungsunterschied und damit ein elektrisches Potenzial zwischen den beiden Kammern.
Die rechte Abbildung zeigt den Zustand des Gleichgewichtspotenzials. Die Diffusion der Kaliumionen ist in beide Richtungen gleich hoch.

A2 Beschreiben und erklären Sie die die elektrische Spannung in den drei Bechergläsern!
In der Ausgangssituation ist keine Spannung messbar, da die Kaliumchloridkonzentration in beiden Kammern gleich hoch ist.
Nach Erhöhung der Kaliumchloridkonzentration in der linken Kammer entsteht aufgrund der Nettodiffusion der Kaliumionen in die rechte Kammer ein Potenzial und eine Spannung ist messbar. Die linke Kammer ist gegenüber der rechten Kammer negativ geladen.
Bei der dritten Abbildung ist die gemessene Spannung höher als bei der zweiten Abbildung, da die Konzentration der Kaliumionen in der rechten Kammer zugenommen hat. Aufgrund des entstandenen Gleichgewichtspotenzials verändert sich die Spannung nicht mehr.

A3 Erklären Sie, weshalb es in diesem Modellversuch nicht zu einem Konzentrationsausgleich zwischen den Kammern kommt!
Das elektrische Potenzial zwischen den beiden Kammern steigt im Verlauf der Nettodiffusion von Kaliumionen in die rechte Kammer. Gleichzeitig steigen die Anziehungskräfte der negativ geladenen Chloridionen auf die positiv geladenen Kaliumionen in der linken Kammer. Deshalb sinkt die Diffusionsrate mit steigender Potenzialdifferenz. Ein Konzentrationsausgleich der Chloridionen ist aufgrund der Impermeabilität der Membran zwischen den beiden Kammern nicht möglich.

Material B – Membranpotenzial für Kaliumionen

B1 Beschreiben Sie die Veränderung des Membranpotenzials während des Versuchs!
Zunächst ist keine Spannung messbar. Mit zunehmender Kaliumionenkonzentration im Axon erhöht sich die Spannung an der Axonmembran. Zunächst steigt die Spannung stark an und flacht bei Annäherung an eine Spannung von -50 Millivolt langsam ab. Nach Erreichen der Spannung von -50 Millivolt steigt die Spannung bei zunehmender Kaliumionenkonzentration im Zellinneren nicht weiter an. Der Kurvenverlauf entspricht dem einer Sättigungskurve.

B2 Erklären Sie den Verlauf des Membranpotenzials!
Das Membranpotenzial hat zu Beginn des Versuchs den Wert Null, da die Konzentrationen der Kationen und der Anionen innerhalb und außerhalb des Axons aufgrund der Einbettung in eine physiologische Kochsalzlösung gleich hoch sind. Die Erhöhung der Kaliumionen-

konzentration im Axon des Tintenfischs hat zur Folge, dass Kaliumionen aus dem Axon hinausdiffundieren. Deshalb ist eine Spannung messbar. Da die Kaliumionen positiv geladen sind, entsteht im Zellinneren ein negatives Potenzial. Mit der zunehmenden Kaliumionenkonzentration im Axon steigt die Diffusionsrate für Kaliumionen von innen nach außen und damit die gemessene Spannung. Obwohl man erwarten sollte, dass die Spannung mit zunehmendem Konzentrationsgradienten weiter ansteigt, ist ab einem bestimmten Konzentrationsunterschied keine weitere Spannungsänderung mehr feststellbar.

Vom Ruhe- zum Aktionspotenzial

Seite 28–31

1 Erläutern Sie, wie das Ruhepotenzial zustande kommt!
Das Ruhepotenzial wird durch die unterschiedliche Permeabilität der Zellmembran für die verschiedenen Ionenarten in der Nervenzelle und ihrer Umgebung beeinflusst. Es wird insbesondere durch das Gleichgewichtspotenzial der Kaliumionen und in geringerem Umfang durch das der Natriumionen bestimmt. Da ein Teil der Kaliumionenkanäle, die Kaliumionenhintergrundkanäle, immer geöffnet sind, ist die Permeabilität der Nervenzellmembran für Kaliumionen am höchsten. Die Permeabilität für Natriumionen ist geringer, da die Kanäle nicht dauerhaft geöffnet sind. Dennoch diffundieren Natriumionen in geringem Umfang durch die Nervenzellmembran von außen nach innen.
Chloridionen und organische Anionen tragen aufgrund der geringen Permeabilität der Nervenzellmembran kaum zum Ruhepotenzial bei.

2 Beschreiben Sie den Ablauf eines Aktionspotenzials!
Wenn die Nervenzellmembran durch einen Reiz bis zum Schwellenwert depolarisiert wird, führt dies zur Aktivierung der Spannungssensoren der Natriumionenkanäle und die Natriumionenkanäle öffnen sich. Aufgrund des Einstroms der Natriumionen kommt es zu einer Spannungsumkehr, dem Overshoot. Es werden etwa +30 Millivolt gemessen.
Mit einer zeitlichen Verzögerung von ungefähr einer Millisekunde öffnen sich aufgrund der Spannungsumkehr spannungsgesteuerte Kaliumionenkanäle. Gleichzeitig schließen sich die Natriumionenkanäle. Der Ausstrom der Kaliumionen führt zunächst zur Repolarisation an der Nervenzellmembran und dann zu einer Hyperpolarisation, die als Undershoot bezeichnet wird.

3 Erläutern Sie, weshalb während der absoluten Refraktärzeit kein Aktionspotenzial ausgelöst werden kann!
Im Zustand der Depolarisation schließen sich die Natriumionenkanäle, indem ein globuläres Protein den Ionenkanal blockiert. Dies verhindert, dass ein weiteres Aktionspotenzial ausgelöst wird.
Erst, wenn das globuläre Protein den Ionenkanal verlässt, kann dieser seinen ursprünglichen Zustand wieder annehmen und damit wieder ein Aktionspotenzial ausgelöst werden.

Seite 32–33 (Material)

Material A – Messung des Membranpotenzials

A1 Beschreiben Sie die Versuchsanordnung, die zur Gewinnung der Messergebnisse benötigt wird!
Das Verfahren zur Messung des Membranpotenzials ist die Methode der Spannungsklemme (Voltage-Clamp). Zwei Mikropipetten aus Glas werden hierzu mit einer konzentrierten Salzlösung gefüllt. Ein Draht führt von den jeweiligen Elektroden über einen Verstärker zu einem Oszilloskop. Die beiden Elektroden erlauben die Messung der Spannungsverhältnisse an einem Tintenfischneuron. Am Oszilloskop wird die gemessene Spannung anzeigt.

A2 Erklären Sie die Veränderung der Spannung zum Zeitpunkt t = 2 Millisekunden!
Innerhalb der ersten beiden Millisekunden zeigt das Oszilloskop eine Spannung von Null Milliampere an. Dies ist darauf zurückzuführen, dass sich beide Elektroden entweder außerhalb des Tintenfischneurons befanden oder beide innerhalb. In beiden Fällen befinden sich die Elektroden im gleichen Milieu, in dem keine Potenzialdifferenz und damit keine Spannung feststellbar ist. Zum Zeitpunkt t = 2 Millisekunden verändert sich das gemessene Potenzial ohne Verzögerung von Null auf -60 Millivolt. Dies lässt sich dadurch erklären, dass eine Elektrode in das Zellinnere eingeführt wird, während sich die andere Elektrode außerhalb der Zelle befindet. Aufgrund der Permeabilität der Membran des Tintenfischneurons für Kalium- und für Natriumionen entsteht das gemessene Potenzial.

Material B – Austrittsrate für Natriumionen bei *Loligo*

B1 Beschreiben Sie die Ergebnisse der Teilversuche a bis e anhand der Abbildung!
Im Versuchsteil a liegt das Axon im Meerwasser. Die Austrittsrate der radioaktiv markierten Natriumionen sinkt innerhalb einer Zeitspanne von 50 Minuten von etwa 150 auf 125 pro Minute.
Nach Überführung des Axons in eine Lösung ohne Kaliumionen liegt die Austrittsrate nur noch bei etwa 30 Natriumionen pro Minute. Sie ändert sich innerhalb des Zeitraums von 50 bis 100 Minuten nach Versuchsbeginn kaum.

Im Teilversuch c wird das Axon zurück in normales Meerwasser überführt. Die Austrittsrate liegt nun bei etwa 110 Natriumionen pro Minute und sinkt innerhalb der nächsten 50 Minuten kontinuierlich auf 95 Ionen pro Minute.

Nach Zugabe von Dinitrophenol in Teilversuch d sinkt die Austrittsrate der Natriumionen während der folgenden 50 Minuten von 95 auf unter 10 pro Minute.

Für den Teilversuch e wird das Axon zurück in normales Meerwasser gelegt. Die Austrittsrate steigt zunächst steil, dann in einem flacheren Kurvenverlauf auf etwa 37 Natriumionen pro Minute nach weiteren 50 Minuten.

B2 Erklären Sie die jeweiligen Ergebnisse zu den Teilversuchen unter Berücksichtigung Ihrer Kenntnisse zur Aufrechterhaltung des Ruhepotenzials!

In Teilversuch a ist das Axon uneingeschränkt funktionsfähig. Das leichte Absinken der Austrittsrate radioaktiv markierter Natriumionen ist darauf zurückzuführen, dass aufgrund des umgebenden Meerwassers radioaktiv markierte Ionen durch nicht markierte Natriumionen ausgetauscht werden.

In Teilversuch b fehlen der Kalium-Natrium-Pumpe die Kaliumionen. Die Kalium-Natrium-Pumpe ist nur eingeschränkt funktionsfähig.

Die Beobachtungen in Teilversuch c zeigen, dass die Kalium-Natrium-Pumpe wieder funktionsfähig ist, da Kaliumionen im Milieu vorhanden sind.

In Teilversuch d werden keine ATP-Moleküle produziert, die für die Funktion der Kalium-Natrium-Pumpe notwendig sind. Deshalb fällt die Austrittsrate mit der abnehmenden ATP-Konzentration.

Der Kurvenverlauf in Teilversuch verdeutlicht, dass die Blockade der ATP-Synthese durch Dinitrophenol reversibel ist. Mit zunehmender Versuchsdauer wird mehr ATP synthetisiert und damit die Arbeit der Kalium-Natrium-Pumpe aktiviert.

B3 In einem weiteren Versuch wird das Axon im Verlauf von Stadium d elektrisch gereizt. Begründen Sie, welche Auswirkungen zu erwarten sind!

Die spannungsgesteuerten Ionenkanäle werden durch Dinitrophenol nicht beeinflusst Deshalb werden Aktionspotenziale ausgelöst. Da die Ionenpumpe nicht arbeitet, werden wahrscheinlich nur wenige Aktionspotenziale zustandekommen.

Material C – Reize und Aktionspotenziale

C1 Vergleichen Sie die Beobachtungen der beiden Experimente!

Die linke Abbildung zeigt die Spannungsverhältnisse an einem Axon über einen Zeitraum von 40 Millisekunden. Nach ungefähr sechs Millisekunden beginnt die Dauerreizung über 20 Millisekunden. In diesem Zeitintervall werden drei Aktionspotenziale ausgelöst. Innerhalb der ersten sechs Millisekunden wird ein Ruhepotenzial von etwa -60 Millivolt gemessen. Fast zeitgleich mit dem Beginn der Reizung wird ein Aktionspotenzial ausgelöst. Bei der Spannungsumkehr wird ein Maximalwert von +40 Millivolt erreicht. Nach Ablauf des ersten Aktionspotenzials verändert sich bei dem folgenden Aktionspotenzial die Spannung zunächst langsam bis zu einem Wert von etwa -50 Millivolt. Dann wird das zweite Aktionspotenzial ausgelöst. Es erreicht bei der Spannungsumkehr einen Maximalwert von +30 Millivolt. Der Vorgang wiederholt sich beim dritten Aktionspotenzial in gleicher Weise. Nach Ablauf des dritten Aktionspotenzials dauert die Rückkehr zum Ruhepotenzial etwa acht Millisekunden.

Die rechte Abbildung zeigt die Spannungsverhältnisse an einem Axon über einen Zeitraum von 20 Millisekunden. Es sind drei Reizströme im Abstand von jeweils drei Millisekunden erkennbar, die jeweils eine Millisekunde andauern. Bis zum ersten Reiz entsprechen die Beobachtungen dem ersten Experiment. Beim zweiten und beim dritten Reiz werden jedoch keine weiteren Aktionspotenziale ausgelöst. Die gemessene Spannung verändert sich nur geringfügig von -70 auf -68 Millivolt beim zweiten Reiz und von -68 auf -60 Millivolt beim dritten Reiz.

C2 Deuten Sie die unterschiedlichen Reaktionen des Axons!

Beim ersten Experiment wird das erste Aktionspotenzial voll ausgebildet. Am Ende dieses Aktionspotenzials zeigt die Spannungskurve, dass die Membran hyperpolarisiert ist und erst langsam zum Ruhezustand zurückkehrt. Diese Zeit entspricht der relativen Refraktärzeit. Der Reizstrom ist zunächst nicht stark genug, um ein weiteres Aktionspotenzial auszulösen. Beim zweiten und dritten Aktionspotenzial erreicht der Maximalwert der Spannungsumkehr einen geringeren Wert als beim ersten Aktionspotenzial. Das ist darauf zurückzuführen, dass sich die spannungsgesteuerten Natriumionenkanäle während der relativen Refraktärphase durch die Dauerreizung öffnen, also bereits vor Erreichen des Ruhezustands der Membran.

Beim zweiten Experiment reicht der erste Reizstrom aus, um die Membran bis zum Schwellenwert zu depolarisieren, sodass ein Aktionspotenzial ausgelöst wird. Beim zweiten und beim dritten Reiz befindet sich die Axonmembran in der Phase der Hyperpolarisation. Aufgrund der hierdurch bedingten relativen Refraktärzeit reicht die Reizstärke nicht aus, den Schwellenwert zu erreichen, der für die spannungsgesteuerte Öffnung der Natriumionenkanäle notwendig ist. Man beobachtet lediglich eine geringfügige passive Veränderung der Membranspannung.

Material D – *Fugu* – gefährlich und delikat

D1 Vergleichen Sie die Verläufe der abgebildeten Membranpotenziale A und B!
Kurve A zeigt den Verlauf eines typischen Aktionspotenzials. Sobald der Schwellenwert, der hier bei ungefähr -45 Millivolt liegt, erreicht wird, steigt die Kurve des Aktionspotenzials innerhalb von einer Millisekunde steil an bis zu einem Wert von etwa +30 Millivolt. Nach dieser Spannungsumkehr kommt es zur Repolarisation und anschließend zur Hyperpolarisation. Nach ungefähr drei Millisekunden stellt sich das Ruhepotenzial wieder ein.
Bis zum Schwellenwert verläuft Kurve B parallel zur Kurve A. Danach verläuft sie jedoch wesentlich flacher. Innerhalb von etwa 1,5 Millisekunden erreicht sie ein Maximum von -40 Millivolt und sinkt dann langsam wieder ab, bis nach etwa vier Sekunden das Ruhepotenzial erreicht wird.

D2 Begründen Sie anhand des Verlaufs der Kurve B die Wirkungsweise von Tetrodotoxin auf Neuronen!
Aufgrund des flachen Anstiegs der Kurve B ist davon auszugehen, dass die Funktion der spannungsgesteuerten Natriumionenkanäle beeinträchtigt ist. Der Einstrom von Natriumionen erfolgt verhältnismäßig langsam und in geringer Intensität. Deshalb öffnen sich die spannungsgesteuerten Kaliumionenkanäle ebenfalls nicht. Die langsame Rückkehr zum Ruhepotenzial ist auf die dauerhaft geöffneten spannungsunabhängigen Kaliumionenhintergrundkanäle zurückzuführen.

D3 Stellen Sie Hypothesen zu den Folgen der Vergiftung mit Tetrodotoxin für den Organismus auf!
Da Tetrodotoxin dazu führt, dass keine Aktionspotenziale gebildet werden, kann vermutet werden, dass die Muskulatur durch dieses Gift gelähmt wird. Außerdem ist zu erwarten, dass schon geringe Konzentrationen die Sinneswahrnehmungen beeinträchtigen oder zu ihrem Ausfall führen.

Erregungsleitung

Seite 34–36

1 Erläutern Sie die Bedeutung der lokalen Strömchen für die Erregungsleitung!
Die durch ein Aktionspotenzial ausgelösten lokalen Strömchen bewirken eine Depolarisation der Axonmembran in der Umgebung des Aktionspotenzials. Erreicht die Depolarisation den Schwellenwert, so wird an dieser Stelle ein neues Aktionspotenzial ausgelöst. Je weiter entfernt diese Stelle vom ursprünglichen Aktionspotenzial ist, umso höher ist die Geschwindigkeit, mit der eine Erregung weitergeleitet wird.
Die Reichweite der lokalen Strömchen ist abhängig vom elektrischen Widerstand innerhalb des Axons. Da dieser Widerstand abnimmt, wenn der Durchmesser des Axons größer wird, steigt die Geschwindigkeit der Erregungsleitung mit zunehmendem Durchmesser des Axons.

2 Vergleichen Sie die kontinuierliche und die saltatorische Erregungsleitung!
Gemeinsamkeiten:
Sowohl bei der kontinuierlichen als auch bei der saltatorischen Erregungsleitung strömen zu Beginn eines Aktionspotenzials Natriumionen in das Axon. Da sich die Umgebung des Axons im Ruhezustand befindet, entstehen lokale Strömchen, die dort eine Depolarisation der Axonmembran bewirken. Die Erregungsleitung erfolgt aufgrund der Refraktärzeit in beiden Fällen immer vom Axonhügel in Richtung zur synaptischen Endigung.

Unterschiede:
Die Depolarisation bewirkt bei nicht myelinisierten Axonen, dass direkt neben dem Aktionspotenzial ein neues Aktionspotenzial ausgelöst wird. Die Myelinscheide von Wirbeltierneuronen wirkt wie ein elektrischer Isolator, der das Innere des Axons gegenüber der Außenseite isoliert. Die lokalen Strömchen haben dadurch eine größere Reichweite. Weiterhin ist die Myelinscheide in bestimmten Abständen durch Ranvier-Schnürringe unterbrochen. Nur dort befinden sich Ionenkanäle, die für die Ausprägung eines Aktionspotenzials notwendig sind. Somit springen die Aktionspotenziale von Schnürring zu Schnürring, was zur Folge hat, dass die saltatorische Erregungsleitung auch bei geringerem Axondurchmesser schneller ist als die kontinuierliche Erregungsleitung.

3 Nehmen Sie Stellung zu der Aussage, dass das Gehirn eines Menschen ohne Myelinscheide größer als ein Scheunentor sein müsste!
Im Gehirn des Menschen werden sehr viele Informationen in sehr kurzer Zeit verarbeitet. Nur aufgrund der Myelinscheiden um die Axone ist es möglich, dass diese Informationen in der notwendigen Geschwindigkeit weitergeleitet werden können. Der Vergleich mit dem Scheunentor soll verdeutlichen, dass die gleiche Anzahl an Axonen ohne Myelinscheide diese Rechenleistung nur vollbringen könnte, wenn sie einen hinreichend großen Durchmesser hätten mit der Folge einer einem Scheunentor vergleichbaren Ausdehnung des Gehirns.

Seite 37 (Material)

Material A – Lokalanästhesie

A1 Erläutern Sie, weshalb Lidocain zu einer lokalen Betäubung führt!
Da die Axonmembran für Lidocain permeabel ist, können die Moleküle dieses Wirkstoffs in das Axon

diffundieren. Dort verschließen sie von innen die Natriumionenkanäle der schmerzassoziierten Nervenbahnen. Dies hat zur Folge, dass keine Aktionspotenziale ausgelöst werden und die durch den Schmerz ausgelöste Erregung nicht an das Gehirn weitergeleitet wird.

A2 Stellen Sie anhand der Prinzipien der Erregungsleitung eine Hypothese auf, weshalb ein Patient zwar keine Schmerzen, aber Berührungen wahrnehmen kann!
Schmerz- und Berührungsreize werden über verschiedene Neuronen verarbeitet und weitergeleitet. Da die Signalübertragung der Schmerzreize nur über sehr aktive dünne Aδ-Neuronen und marklose C-Neuronen erfolgt, während die Berührungsreize über weniger aktive dicke Aβ-Neuronen übertragen werden, muss angenommen werden, dass die hohe Aktionspotenzialrate mit einer höheren Anzahl an aktiven Natriumionenkanälen zusammenhängt, die für die Erregungsleitung notwendig sind und durch das Lidocain blockiert werden. Ein größerer Innenwiderstand dünner Axone bedingt eine geringere Reichweite der lokalen Strömchen und damit eine größere Abhängigkeit von funktionsfähigen Natriumionenkanälen.
Weiterhin kann angenommen werden, dass die Diffusion des Medikaments in das Axon bei marklosen Neuronen leichter möglich ist.

Material B – Multiple Sklerose

B1 Beschreiben Sie die durch Multiple Sklerose verursachten Veränderungen am Axon!
Die Myelinscheiden der Axone werden durch Abwehrzellen des Immunsystems angegriffen und abgebaut. Dies führt bei einer akuten Demyelinisierung dazu, dass größere Bereiche des Axons keine Myelinscheide mehr haben. An diesen Stellen liegen aber keine Natriumionenkanäle vor. Die chronische Demyelinisierung ist dadurch gekennzeichnet, dass in den freiliegenden Bereichen des Axons neue Natriumionenkanäle gebildet worden sind. Bei degenerierten Axonen sind die myelinfreien Bereiche und die synaptischen Endigungen zurückgebildet. Es besteht kein Kontakt zum folgenden Neuron.

B2 Erklären Sie die Auswirkungen der verschiedenen Stadien der Demyelinisierung auf die Erregungsleitung!
Die akute Demyelinisierung hat zur Folge, dass Aktionspotenziale nicht weitergeleitet werden können, da in den demyelinisierten Bereichen keine Natriumionenkanäle vorhanden sind. Da beim chronisch demyelinisierten Axon die Natriumionenkanäle neugebildet worden sind, ist dort eine Erregungsleitung möglich. Aufgrund der fehlenden Myelinscheide erfolgt in den entsprechenden Bereichen eine verlangsamte Erregungsleitung. Degenerierte Axone sind zu keiner Erregungsleitung befähigt, da sowohl das Axon als auch die synaptischen Endigungen zurückgebildet sind und kein Kontakt zum folgenden Neuron besteht.

B3 Begründen Sie, weshalb das Krankheitsbild bei der Multiplen Sklerose sehr uneinheitlich sein kann!
Das Krankheitsbild der Multiplen Sklerose ist sehr uneinheitlich, da die verschiedenen Stadien der Demyelinisierung unterschiedliche Auswirkungen auf die Erregungsleitung haben. So sind akute Lähmungserscheinungen möglich, die teilweise zurückgehen, also reversibel sind. Da degenerierte Axone keine Erregungsleitung mehr zulassen, sind die dadurch entstehenden Lähmungserscheinungen erheblicher und nicht reversibel. Weiterhin ist die jeweilige Lähmung oder Ausfallerscheinung davon abhängig, welche und wie viele Neuronen von einer Demyelinisierung betroffen sind. Hinzu kommt, dass einzelne Stadien der Demyelinisierung „übersprungen“ werden können, wodurch der Krankheitsverlauf beschleunigt wird.

3 Signalübertragung zwischen Neuronen

Informationsübertragung an Synapsen

Seite 38–40

1 Erstellen Sie ein Flussdiagramm, das den Ablauf der Informationsübertragung an einer chemischen Synapse übersichtlich darstellt!

Ein Aktionspotenzial erreicht das synaptische Endknöpfchen und depolarisiert dort die Zellmembran.

⇩

Spannungsgesteuerte Kalziumionenkanäle öffnen sich.

⇩

Durch den Einstrom von Kalziumionen erhöht sich deren Konzentration in der Zelle.

⇩

Vesikel mit dem Neurotransmitter Acetycholin öffnen sich durch Exozytose in den synaptischen Spalt.

⇩

Acetylcholin-Moleküle diffundieren zur postsynaptischen Membran.

⇩

Die Acetylcholin-Moleküle binden an Acetylcholin-Rezeptoren.

⇩

Für Natriumionen permeable Ionenkanäle öffnen sich.

⇩

Die einströmenden Natriumionen bewirken eine Depolarisation der postsynaptischen Membran.

⇩

Bei Erreichen des Schwellenwerts wird am Axonhügel des postsynaptischen Neurons ein Aktionspotenzial ausgelöst.

⇩

Das Acetylcholin wird von dem Enzym Acetylcholin-Esterase in Cholin und Acetat gespalten und damit inaktiviert.

⇩

Cholin gelangt durch aktiven Transport zurück in die präsynaptische Endigung.

⇩

Ein Enzym verknüpft das Cholin mit einem neuen Acetatrest.

⇩

Durch Endozytose findet eine Rückgewinnung der Vesikel statt.

⇩

Die zurückgewonnenen Vesikel werden mit Transmittermolekülen befüllt.

2 Vergleichen Sie die Informationsübertragung an der chemischen und an der elektrischen Synapse!

Gemeinsamkeiten:
Durch beiden Synapsentypen werden Informationen von einem Neuron auf ein anderes Neuron übertragen und somit weitergeleitet.

Unterschiede:
Bei einer chemischen Synapse erfolgt die Informationsübertragung durch einen Neurotransmitter. Die elektrische Übertragung erfolgt über Gap junctions, Ionenkanäle, die die Nervenzellen verbinden.
Die Signalübertragung elektrischer Synapsen geschieht schneller als bei chemischen Synapsen. Sie ist zudem in beide Richtungen, also bidirektional möglich. Aufgrund der elektrischen Kopplung elektrischer Synapsen werden Signale im Gegensatz zur chemischen Synapse passiv weitergeleitet.

Seite 41 (Material)

Material A – Der Vagusstoff

A1 Beschreiben Sie das von LOEWI durchgeführte Experiment!
LOEWI präparierte zwei Froschherzen, eines mit Vagusnerv, das andere ohne. Beide Herzen wurden jeweils in ein mit physiologischer Kochsalzlösung gefülltes Gefäß gelegt. Beide Gefäße wurden durch einen Schlauch mit einer Pumpe miteinander verbunden. Die Herzfrequenz beider Herzen wurde gemessen. Beide Herzen schlugen mit gleicher Frequenz.
Stimulierte LOEWI den Vagusnerv, so beobachtete er, dass das mit diesem Nerv verbundene Herz daraufhin eine geringere Herzschlagfrequenz hatte. Die Schlagfrequenz des anderen Herzens reduzierte sich in gleichem Maße, obwohl dessen Gefäß nur über den Schlauch mit der Pumpe mit dem Gefäß des ersten Herzens verbunden war.

A2 Erklären Sie, welche Vorstellung zur Informationsübertragung an der Synapse mit diesem Experiment bestätigt wurde!
Da beide Froschherzen in verschiedenen Gefäßen aufbewahrt wurden, hatten sie keinen direkten Kontakt. Lediglich ein Teil der Flüssigkeit aus dem ersten Gefäß konnte mittels Schlauch und Pumpe in die zweite Kammer gelangen.
Die Information, die dazu führte, dass auch das zweite Herz langsamer schlug, konnte somit nur durch die Flüssigkeit in die zweite Kammer gelangt sein. Es musste sich also um einen chemischen Botenstoff, einen Neurotransmitter, handeln, der mit der Flüssigkeit in das andere Gefäß transportiert wurde. Somit bestätigte LOEWIs Experiment die Annahme, dass die Informationsübertragung durch einen chemischen Botenstoff erfolgt.

A3 Deuten Sie anhand der Herzfrequenzen die Funktion des Vagusnervs!

Die Stimulation des Vagusnervs führte dazu, dass sich Frequenz des Herzschlags beim Frosch verringerte. Deshalb kann angenommen werden, dass der Vagusnerv für die Verlangsamung des Herzschlags verantwortlich ist.

Zusatzinformation: Die Herztätigkeit wird vom vegetativen Nervensystem gesteuert. Auf Herzfrequenz und Schlagkraft des Herzmuskels wirkt der Nervus vagus verlangsamend. Der Transmitter des N. vagus ist Acetylcholin. Die Nerven des Sympathikus erhöhen die Herzfrequenz.

Material B – Chemische und elektrische Synapse im Vergleich

B1 Vergleichen Sie die Membranpotenziale des präsynaptischen Axons und der postsynaptischen Membran in den beiden Teilversuchen!

In Teilversuch A führt der elektrische Reiz in der präsynaptischen Zelle zu einem Aktionspotenzial. Fast zeitgleich mit Einsetzen des Aktionspotenzials ändert sich das postsynaptische Potenzial. Dort wird ebenfalls eine Depolarisation beobachtet.

In Teilversuch B führt der elektrische Reiz ebenfalls zur Ausbildung eines Aktionspotenzials in der präsynaptischen Zelle. An der postsynaptischen Membran wird jedoch nur eine geringe Depolarisation gemessen, die den Schwellenwert nicht erreicht. Außerdem zeigt die Messung, dass die postsynaptische Membran erst nach einer zeitlichen Verzögerung reagiert.

B2 Begründen Sie, welche postsynaptische Reaktion der elektrischen und welche der chemischen Synapse zuzuordnen ist!

Da in Teilversuch A kaum eine zeitliche Verzögerung zwischen der Reaktion der präsynaptischen und der postsynaptischen Zelle auf den elektrischen Reiz zu beobachten ist, ist sie der elektrischen Synapse zuzuordnen. Die größere Amplitude des postsynaptischen Potenzials lässt sich damit erklären, dass ein ungehinderter Stromfluss zwischen beiden Neuronen durch die Gap junctions erfolgt.

Im Teilversuch B ist eine deutliche Verzögerung der Veränderung des postsynaptischen Potenzials gegenüber dem Aktionspotenzial am Axon der präsynaptischen Zelle zu beobachten. Deshalb muss es sich um eine chemische Synapse handeln. Zudem zeigt das postsynaptische Potenzial eine geringere Amplitude. Der Schwellenwert, der zum Auslösen eines Aktionspotenzials am Axonhügel der nachgeschalteten Zelle notwendig ist, wird nicht erreicht.

Neurotransmitter

Seite 42–44

1 Beschreiben Sie die Abläufe der Synthese von Neurotransmittern!

Neurotransmitter, die zur Stoffklasse der Peptide gehören, werden in mehreren Schritten gebildet. Zunächst werden an den Ribosomen des rauen Endoplasmatischen Retikulums längerkettige Peptide als Vorläufer der aktiven Neurotransmitter synthetisiert. Die Vorläufer werden in den Golgi-Apparat transportiert und dort in kleinere Peptidfragmente, die aktiven Neurotransmitter, zerlegt. Anschließend erfolgt der anterograde Transport der Neurotransmitter in Vesikeln entlang des Axons zum Synapsenendknöpfchen. Dort werden die Vesikel mit den Neurotransmittern gespeichert.

Transmitter der Stoffklassen Aminosäuren und Amine werden im Synapsenendknöpfchen synthetisiert und mithilfe von Transportproteinen in die Vesikel befördert. Die Enzyme zur Herstellung dieser Neurotransmitter werden im Endoplasmatischen Retikulum im Soma des Neurons produziert und entlang des Axons zum Synapsenendknöpfchen transportiert.

2 Stellen Sie den Second-Messenger-Übertragungsweg in einem Flussdiagramm dar!

Der Transmitter Noradrenalin bindet an die β-adrenergen Rezeptoren für Noradrenalin in der postsynaptischen Membran.

⇩

Ein an den β-adrenergen Noradrenalin-Rezeptor gebundenes G-Protein wird aktiviert, indem das Kosubstrat GDP durch GTP ersetzt wird.

⇩

Das aktivierte G-Protein aktiviert das Enzym Adenylatzyklase, welches ATP in cAMP umwandelt.

⇩

cAMP stimuliert eine Proteinkinase, die Phosphatgruppen auf Kaliumionenkanäle überträgt.

⇩

Die Kaliumionenkanäle schließen sich.

⇩

Das Ruhepotenzial an der postsynaptischen Membran wird geringer, da keine Kaliumionen aus dem Neuron herausströmen können.

3 Erklären Sie, weshalb man einen an ein G-Protein gekoppelten Signalweg als Second-Messenger-Übertragungsweg bezeichnet!

Beim Second-Messenger-Übertragungsweg bindet das Transmittermolekül an einen Rezeptor auf der postsynaptischen Membran, ohne dass direkt ein Ionenkanal geöffnet oder geschlossen wird. Erst durch die weiteren Reaktionen, bei denen cAMP gebildet wird, erfolgt eine indirekte Wirkung auf spezifische Ionenkanäle. Das cAMP wirkt wie ein zweiter Botenstoff, also wie ein Second-Messenger.

Seite 45 (Material)

Material A – Der verkürzte Signalweg

A1 Beschreiben Sie den Ablauf des verkürzten Signalwegs!
Beim verkürzten Signalweg ist der muskarinische Acetylcholin-Rezeptor mit einem G-Protein gekoppelt. Das G-Protein wird durch Bindung des Acetylcholins aktiviert, indem ein GDP durch ein GTP ausgetauscht wird. Nach seiner Aktivierung spaltet sich das G-Protein in ein α- und ein β- und γ-Teilprotein. Das α-Teilprotein wandert entlang der postsynaptischen Membran zu einem benachbarten zunächst geschlossenen Kaliumionenkanal. Das α-Teilprotein bewirkt die Öffnung des Kaliumionenkanals.

A2 Erläutern Sie die Wirkung des Acetylcholins an der postsynaptischen Membran des Herzmuskels!
Das Acetylcholin bewirkt an der postsynaptischen Membran des Herzmuskels, dass Kaliumionenkanäle geöffnet werden. Dies hat zur Folge, dass positiv geladene Kaliumionen aus den Neuronen des Herzmuskels hinausströmen. Damit erhöht sich das postsynaptische Ruhepotenzial. Die Nervenzelle ist nicht mehr so leicht erregbar. Das hat für den Herzmuskel zur Folge, dass die Herzfrequenz durch den Transmitter Acetylcholin abgesenkt wird.
Vergleiche Seite 41, Material A – Der Vagusstoff

A3 Bereits wenige Milligramm Muskarin wirken tödlich. Erklären Sie diesen Sachverhalt!
Muskarin bindet wie das Acetylcholin an den muskarischen Acetylcholin-Rezeptor der Neuronen im Herzen. Seine Wirkung entspricht der des Acetylcholins, ist aber stärker. Dies hat zur Folge, dass sich die Anzahl der geöffneten Kaliumionenkanäle erhöht und sich damit das postsynaptische Potenzial erheblich erhöht. Die Nervenzelle ist dadurch nicht mehr erregbar und der Herzschlag setzt aus.

Material B – Second-Messenger-Kaskade

B1 Beschreiben Sie den Ablauf der Second-Messenger-Kaskade!
Der Neurotransmitter bindet an einen spezifischen Rezeptor und aktiviert ihn. Daraufhin aktiviert der Rezeptor mehrere G-Proteine. Bei diesem Prozess wird GTP benötigt und GDP freigesetzt. Jedes aktivierte G-Protein stimuliert mehrere Adenylatzyklasen, die ihrerseits mehrere ATP-Moleküle in cAMP-Moleküle umwandeln. Jedes cAMP aktiviert daraufhin eine Proteinkinase, die mehrere Kaliumionenkanäle phosphoryliert und damit öffnet.

Zusatzinformation: Bei der Second-Messenger-Kaskade kann ein einziges Neurotransmittermolekül bis zu 20 G-Proteine aktivieren.
Proteinkinasen können Ionenkanäle auf unterschiedliche Weise beeinflussen. Es ist also auch möglich, dass sich Kaliumionenkanäle schließen und das Neuron dadurch leichter erregbar ist.

B2 Erläutern Sie Gemeinsamkeiten und Unterschiede zwischen verkürztem Signalweg und Second-Messenger-Kaskade!
Gemeinsamkeiten:
Bei beiden Signalwegen bindet der Neurotransmitter an einen an ein G-Protein gekoppelten Rezeptor. Weiterhin wird zur Aktivierung des G-Proteins ein GTP-Molekül benötigt. Es erfolgt somit keine direkte Öffnung eines Ionenkanals.

Unterschiede:
Im Gegensatz zur Second-Messenger-Kaskade ist der verkürzte Signalweg dadurch gekennzeichnet, dass die Informationsübertragung vom Rezeptor zum Kaliumionenkanal nur durch das G-Protein vermittelt wird und damit sehr schnell innerhalb von 30 bis 100 Millisekunden erfolgt. Das G-Protein kann nur einen Ionenkanal in der direkten Nachbarschaft des Rezeptors beeinflussen.
An der Second-Messenger-Kaskade sind mehrere Enzyme beteiligt: neben dem G-Protein die Adenylatzyklase und eine Proteinkinase. Da jedes Transmittermolekül mehrere G-Proteine gleichzeitig aktivieren kann und jede Adenylatzyklase mehrere ATP-Moleküle in cAMP-Moleküle umwandelt, können sehr viele Proteinkinasen aktiviert werden und damit eine große Anzahl an Kaliumionenkanälen in einem größeren Bereich um den Rezeptor geschlossen werden. Dieser Prozess ist langsamer als der verkürzte Signalweg, dauert aber mit mehreren Minuten erheblich länger an.

Erregende und hemmende Synapsen

Seite 46–48

1 Erläutern Sie den Unterschied zwischen einem EPSP und einem IPSP!
EPSP entstehen an erregenden Synapsen. Die postsynaptische Membran wird depolarisiert, da sich Natriumionenkanäle öffnen und Natriumionen in die postsynaptische Zelle einströmen. EPSP tragen dazu bei, dass am Axonhügel der postsynaptischen Zelle neue Aktionspotenziale ausgelöst werden.
IPSP entstehen an hemmenden Synapsen. Die postsynaptische Membran wird hyperpolarisiert, da sich Chloridionenkanäle öffnen und Chloridionen in die postsynaptischen Zelle einströmen. IPSP verhindern, dass am Axon-hügel neue Aktionspotenziale ausgelöst werden.

2 Vergleichen Sie die räumliche und die zeitliche Summation!

Gemeinsamkeiten:

Sowohl bei der räumlichen als auch bei der zeitlichen Summation addieren sich die Amplituden der postsynaptischen Potenziale. Je höher die hierdurch entstehende Depolarisation ist, umso mehr Aktionspotenziale werden am Axonhügel ausgelöst.

Unterschiede:

Bei der räumlichen Summation addieren sich die Werte der EPSP mehrerer Synapsen, während bei der zeitlichen Summation die schnelle Folge von Erregungen einer einzelnen Synapse die Höhe der Depolarisation der postsynaptischen Membran bestimmt.

Seite 49 (Material)

Material A – Passive Erregungsleitung

A1 Erläutern Sie anhand der gemessenen postsynaptischen Potenziale die Besonderheit der passiven Erregungsleitung!

Das direkt hinter der Synapse gemessene postsynaptische Potenzial ist höher als das in einiger Entfernung am Soma gemessene Potenzial. Die Depolarisation der Membran nimmt mit zunehmendem Abstand zur Synapse aufgrund des zunehmenden Widerstands ab. Demgegenüber ist die aktive Erregungsleitung am Axon dadurch gekennzeichnet, dass die Amplitude des Aktionspotenzials immer gleich bleibt.

A2 Beschreiben und erklären Sie die im Koordinatensystem dargestellten Kurvenverläufe!

Der Schwellenwert liegt entlang der Dendriten und des Somas bei -35 Millivolt. Im Bereich des Axonhügels nimmt er rapide ab auf einen Wert zwischen -55 und -60 Millivolt. Ursache hierfür ist die hohe Dichte an spannungsgesteuerten Natriumionenkanälen im Bereich des Axonhügels.

Das postsynaptische Potenzial hat in direkter Nähe zur Synapse einen Wert von etwa -38 Millivolt. Mit zunehmender Entfernung zur Synapse schwächt sich das postsynaptische Potenzial aufgrund des elektrischen Widerstands der Zellmembran auf etwa -45 Millivolt ab, während es sich passiv in der Zelle ausbreitet. In Höhe des Axonhügels überschreitet die Depolarisation der Membran den hier stark abfallenden Schwellenwert. Ein Aktionspotenzial wird ausgelöst. Ursache hierfür ist die hohe Dichte an spannungsgesteuerten Natriumionenkanälen im Bereich des Axonhügels.

Material B – Kurzschlusshemmung

B1 Stellen Sie die Potenzialverhältnisse an den Elektroden 1 und 2 für die beiden dargestellten Fälle A und B unter Berücksichtigung der biochemischen Vorgänge dar!

Wenn die erregende Synapse aktiv und die hemmende Synapse inaktiv ist (Fall A), wird an der Elektrode 1 ein EPSP gemessen. Die an der Elektrode 2 gemessene Depolarisation ist aufgrund der passiven Erregungsleitung geringer als die an Elektrode 1.

Wenn sowohl die erregende als auch die hemmende Synapse aktiv sind (Fall B), wird an der Elektrode 1 ein EPSP gemessen, das die gleiche Amplitude hat wie oben. Die Elektrode 2 zeigt keinen Ausschlag, die gemessene Spannung entspricht dem Ruhepotenzial.

Die erregende Synapse ist dadurch gekennzeichnet, dass ein Neurotransmitter wie Acetylcholin die Rezeptoren für die Natriumionenkanäle besetzt, wodurch sich diese öffnen. Natriumionen strömen in die postsynaptische Zelle und die postsynaptische Membran wird depolarisiert. Es kommt zu einem EPSP.

An einer hemmenden Synapse wird ein Neurotransmitter wie Glycin ausgeschüttet, der an die Rezeptoren der Chloridionenkanäle der postsynaptischen Membran bindet und die Öffnung dieser Kanäle bewirkt. Deshalb strömen Chloridionen in die postsynaptische Zelle mit der Folge, dass deren Membran hyperpolarisiert wird, es kommt zu einem IPSP.

B2 Erklären Sie am Beispiel der Schreckkrankheit die Bedeutung der Kurzschlusshemmung für die synaptische Integration!

Bei der Kurzschlusshemmung werden gleichzeitig eine erregende und eine hemmende Synapse aktiv. Dies hat zur Folge, dass sich das durch die erregende Synapse erzeugte EPSP und das durch die hemmende Synapse erzeugte IPSP addieren und somit gegenseitig auslöschen. Kurzschlusshemmungen verhindern im Rahmen der synaptischen Integration die Weiterleitung von Erregungen. Bei der Schreckkrankheit sind Glycin-Rezeptoren defekt. Deshalb sind Kurzschlusshemmungen, an denen glycingesteuerte Rezeptoren beteiligt sind, nicht möglich. Erregungen werden ungehemmt weitergeleitet und verstärken somit die Schreckreaktion.

Synapsengifte

Seite 50–52

1 Nennen Sie die verschiedenen Neurotoxine und ihre Wirkorte an der Synapse!

Das Spinnengift der Schwarzen Witwe, α-Latrotoxin, bindet an die Außenseite der präsynaptischen Membran und bewirkt die Öffnung von Kalziumionenkanälen.

Botulinumtoxin unterbindet die Freisetzung von Acetylcholin in den synaptischen Spalt, indem es die Verschmelzung der Vesikelmembran mit der präsynaptischen Membran verhindert.

Tetanustoxin verhindert die Freisetzung der inhibitorisch wirkenden Neurotransmitter Glycin und GABA in den synaptischen Spalt.

Das Gift der Königskobra, α-Bungarotoxin, bindet an die Acetylcholin-Rezeptoren der postsynaptischen Membran und verhindert die Öffnung der Natriumionenkanäle.
Curare bindet ebenfalls an die Acetylcholin-Rezeptoren der postsynaptischen Membran und verhindert die Öffnung der Natriumionenkanäle, wirkt aber nicht so stark wie α-Bungarotoxin.
Das Gift der Schwarzen Tollkirsche, Atropin, blockiert die Acetylcholin-Rezeptoren des Herzens. Bei höheren Dosierungen werden auch die Acetylcholin-Rezeptoren der motorischen Endplatte blockiert.
Nikotin bindet an Acetylcholin-Rezeptoren, wodurch sich die Natriumionenkanäle in der postsynaptischen Membran öffnen. Weiterhin hemmt es das Enzym Monoaminooxidase und beeinflusst damit das Belohnungssystem im Gehirn.
Chemische Kampfstoffe auf Basis von Phosphorsäureestern hemmen das Enzym Acetylcholin-Esterase und verhindern damit den Abbau von Acetylcholin im synaptischen Spalt.

2 Erläutern Sie, weshalb Atropin als Gegengift für chemische Kampfstoffe genutzt werden kann!
Chemische Kampfstoffe wirken, indem sie das Enzym Acetylcholin-Esterase hemmen. Das hat zur Folge, dass Acetylcholin im synaptischen Spalt nicht mehr abgebaut wird und dauerhaft an die Acetylcholin-Rezeptoren der postsynaptischen Membran bindet. Daraus resultiert ein dauerhafter Einstrom von Natriumionen in die postsynaptische Zelle.
Atropin bindet ebenfalls an die Acetylcholin-Rezeptoren, blockiert diese jedoch. Deshalb verhindert Atropin die Öffnung der Natriumionenkanäle in Gegenwart des Acetylcholins. Es wirkt als Antagonist.

Seite 53 (Material)

Material A – Mungos und Kobras

A1 Erläutern Sie die Wirkung von α-Bungarotoxin!
α-Bungarotoxin bindet an die Acetylcholin-Rezeptoren der postsynaptischen Membran und verhindert die Öffnung der Natriumionenkanäle. Deshalb kommt nach einem Schlangenbiss beim Beutetier an den motorischen Endplatten kein erregendes postsynaptisches Potenzial zustande. Die Muskulatur wird nicht innerviert und es kommt zur Lähmung auch der Atemmuskulatur.

A2 Erklären Sie anhand der Messwerte, weshalb Mungos gegen das Schlangengift unempfindlich sind!
Das Balkendiagramm stellt die relativen Bindungsstärken des Proteins α-Bungarotoxin bei den Tieren Igel, Maus, Hamster und Mungo dar. Insbesondere bei Maus und Hamster sind relativ hohe Messwerte erkennbar. Das Neurotoxin bindet bei diesen Tierarten also verhältnismäßig stark an die Acetylcholin-Rezeptoren. Beim Igel und insbesondere beim Mungo sind die Messwerte verhältnismäßig niedrig. Das α-Bungarotoxin kann demnach beim Mungo nur schwach an die Acetylcholin-Rezeptoren binden und diese nicht blockieren. Das Acetylcholin wird in seiner Wirkung nicht oder nur in geringem Umfang beeinflusst. Deshalb hat der Mungo bei einem Schlangenbiss keine Lähmungserscheinungen zu befürchten.

Material B – Der Tod des SOKRATES

B1 Stellen Sie Hypothesen zur möglichen Wirkung von Coniin an der Synapse auf!
Da SOKRATES durch Atemlähmung starb, könnte angenommen werden, dass Coniin den Einstrom von Kalziumionen durch die präsynaptische Membran unterbindet und damit die Erregungsübertragung an der Synapse verhindert. Es ist denkbar, dass Coniin die Ausschüttung von Acetylcholin in den synaptischen Spalt hemmt. Eine weitere Möglichkeit der Wirkung dieses Neurotoxins wäre die Blockade der Acetylcholin-Rezeptoren in der postsynaptischen Membran. Die drei genannten Annahmen basieren auf der Überlegung, dass keine Natriumionen in das postsynaptische Neuron einströmen und damit kein erregendes postsynaptisches Potenzial zustande kommt.
Eine weitere Möglichkeit der Coniin-Wirkung kann die verstärkte Wirkung hemmender Synapsen aufgrund eines erhöhten Chloridioneneinstroms in die Postsynapse sein. Ursache hierfür könnte die Bindung an den GABA-Rezeptor sein oder eine erhöhte Ausschüttung von mit GABA gefüllten Vesikeln. Aufgrund der Hyperpolarisation der postsynaptischen Membran würde bei der synaptischen Integration der Schwellenwert nicht erreicht.

B2 Planen Sie ein Experiment am Neuron zur Überprüfung Ihrer Hypothesen!
Anhand der Bestimmung der Kalziumionenkonzentration im Synapsenendknöpfchen kann festgestellt werden, ob die Kalziumionenkanäle durch das Neurotoxin blockiert werden.
Die Bestimmung der Acetylcholinkonzentration im synaptischen Spalt erregender Synapsen beziehungsweise die der GABA-Konzentration bei hemmenden Synapsen dient der Feststellung, ob die Ausschüttung des jeweiligen Neurotransmitters in den synaptischen Spalt beeinflusst wird.
Eine Überprüfung der Spannungsverhältnisse einzelner Ionenkanäle an der postsynaptischen Membran mithilfe der Patch-Clamp-Technik ermöglicht es festzustellen, ob die Natrium- oder die Chloridionenkanäle durch das Coniin beeinflusst werden.

B3 Recherchieren Sie die Wirkung von Coniin und vergleichen Sie diese mit den von Ihnen aufgestellten Hypothesen!
Coniin bindet an den Rezeptor für Acetylcholin und verhindert die Öffnung der Natriumionenkanäle. Anhand

der recherchierten Wirkung von Coniin können die anderen genannten Hypothesen falsifiziert werden.

Seite 54–55 (Klausurtrainer)

Training A – Toxine der Kegelschnecke

a Erläutern Sie die Wirkung des Delta- und des Kappa-Conotoxins am Axon!

δ-Conotoxin verhindert das Schließen der spannungsgesteuerten Natriumionenkanäle am Axon. Es beeinflusst hierdurch den Verlauf der Aktionspotenziale.

Am Axon wird nach Überschreiten des Schwellenwerts ein Aktionspotenzial ausgelöst und es öffnen sich zunächst die spannungsgesteuerten Natriumionenkanäle. Sie bewirken aufgrund des Natriumioneneinstroms in das Axon eine Depolarisation der Axonmembran. Hierdurch öffnen sich die spannungsgesteuerten Kaliumionenkanäle und Kaliumionen strömen aus dem Axon heraus, es kommt zur Repolarisation der Axonmembran. Da durch δ-Conotoxin die Natriumionenkanäle geöffnet bleiben, strömen weiterhin Natriumionen in das Axon.

κ-Conotoxin blockiert gleichzeitig die Kaliumionenkanäle, es können keine Kaliumionen aus dem Axon ausströmen. Die beiden Neurotoxine verhindern somit die Repolarisation an der Axonmembran. Sie bleibt dauerhaft depolarisiert. Die Dauerdepolarisation hat im Bereich des Synapsenendknöpfchens zur Folge, dass die Kalziumionenkanäle dauerhaft geöffnet werden und Acetylcholin unkontrolliert in den synaptischen Spalt strömt.

b Erläutern Sie die Wirkung der anderen Conotoxine an der Synapse!

α-Conotoxin blockiert die Acetylcholin-Rezeptoren an den motorischen Endplatten. Dies bedeutet, dass Acetylcholin nicht an die Rezeptoren binden kann und die Natriumionenkanäle der postsynaptischen Membran geschlossen bleiben. Ein erregendes postsynaptisches Potenzial bleibt aus. Die gleiche Wirkung hat das μ-Conotoxin, das die Öffnung der postsynaptischen Natriumionenkanäle blockiert.

ω-Conotoxin blockiert die Kalziumionenkanäle der präsynaptischen Membran und verhindert damit, dass die mit Acetylcholin beladenen Vesikel mit der präsynaptischen Membran verschmelzen und ihren Inhalt in den synaptischen Spalt entlassen. Somit verhindert ω-Conotoxin ebenfalls, dass ein erregendes postsynaptisches Potenzial erzeugt wird.

c Erklären Sie die Auswirkung des Giftcocktails hinsichtlich des Beutefangs der Kegelschnecke!

Der Giftcocktail bewirkt, dass das Beutetier an der Flucht gehindert wird. Durch δ-Conotoxin und κ-Conotoxin erstarrt es in einem Muskelkrampf, der einem elektrischen Schock gleicht und das Beutetier bewegungsunfähig macht. Die anderen Toxine haben zur Folge, dass die Signalübertragung an der Synapse ausbleibt. Nach dem Muskelkrampf bleibt das Beutetier gelähmt.

Zusatzinformation: Es konnte nachgewiesen werden, dass sich bei jeder Kegelschneckenart im Verlauf der Evolution ein hochspezifischer Giftcocktail aus bis zu 200 verschiedenen Peptiden entwickelt hat. So werden die Neurotoxine unter anderem durch Conopressin-G unterstützt, welches eine gefäßverengende Wirkung hat. Die Neurotoxine werden dadurch schneller im Organismus transportiert.

d Stellen Sie eine Hypothese auf, weshalb Omega-Conotoxin bei der Schmerztherapie direkt in die Rückenmarkflüssigkeit und nicht intravenös verabreicht wird!

Eine intravenöse Injektion von ω-Conotoxin hätte zur Folge, dass sich das Neurotoxin im ganzen Organismus verbreitet und Lähmungserscheinungen hervorruft, die auch die Atemmuskulatur betreffen würden.

Im Bereich des Rückenmarks ist seine Wirkung lokal begrenzt und darauf beschränkt, die Signalübertragung der afferenten Neuronen zu verhindern, sodass Schmerzen nicht mehr wahrgenommen werden.

Training B – Riesenaxone des Kalmars *Loligo*

a Erklären Sie die Beobachtungen der Teilexperimente 1 bis 5 anhand Ihrer Kenntnisse zur Erregungsleitung am Axon und an der Synapse!

Im ersten Teilexperiment wird das Axon von Neuron N_1 am Punkt S über den Schwellenwert hinaus gereizt und dadurch ein Aktionspotenzial ausgelöst, welches anhand der Elektrode E_1 nachgewiesen wird. Da auch die Elektrode E_2 im Axon von Neuron N_2 zeitverzögert ein Aktionspotenzial anzeigt, muss die Erregung an der Synapse weitergeleitet worden sein.

Im zweiten Teilexperiment wird Acetylcholin per Mikroinjektion in den Bereich der Präsynapse zwischen den Neuronen N_1 und N_2 injiziert. Nur an der Elektrode E_2 wird ein Aktionspotenzial gemessen. Dies zeigt, dass Acetylcholin der Neurotransmitter dieser Synapse ist. Es bindet an die Acetylcholin-Rezeptoren der postsynaptischen Membran und bewirkt die Ausbildung eines erregenden postsynaptischen Potenzials (EPSP). Das künstlich hinzugegebene Acetylcholin hat die gleiche Wirkung wie das bei der natürlichen Erregungsleitung freigesetzte.

Im dritten Teilexperiment wird Acetylcholin in das Neuron N_2 injiziert. Keine der beiden Elektroden zeigt ein Aktionspotenzial an. Die Acetylcholin-Rezeptoren von Neuron N_2 müssen an der Außenseite der postsynaptischen Membran liegen, da es innen keine Wirkung entfalten kann. Am Neuron N_1 ist bei dieser Versuchsanordnung kein Aktionspotenzial zu erwarten.

Im vierten Teilexperiment liegen die Neuronen in Meerwasser ohne Kalziumionen. Wird das Neuron N_1

nun stimuliert, kann mithilfe der Elektrode E_1 ein Aktionspotenzial nachgewiesen werden, an der Elektrode E_2 ändert sich die Spannung nicht. Für die Erregungsleitung am Axon ist die Gegenwart von Kalziumionen nicht erforderlich, für die Erregungsleitung an der Synapse ist sie jedoch notwendig. Ohne den Kalziumioneneinstrom kommt es nicht zur Ausschüttung von Acetylcholin. An Neuron N_2 findet keine Depolarisation statt.
Im fünften Teilexperiment werden dem umgebenden Meerwasser Giftstoffe zugesetzt, die die Natrium- und die Kaliumionenkanäle blockieren. Die Blockade hat zur Folge, dass die spannungsgesteuerten Ionenkanäle inaktiv sind und damit trotz der Stimulation am Punkt S kein Aktionspotenzial ausgelöst wird. Das Neuron N_2 kann demzufolge nicht erregt werden.

b Deuten Sie die gemessenen Werte in den Diagrammen B und C nach Depolarisation des Neurons N_1!
Eine Depolarisation in Höhe von 15 Millivolt hat keine Auswirkung auf den Kalziumioneneinstrom. Er bleibt unverändert bei Null. In der nachgeschalteten Nervenzelle wird kein Aktionspotenzial gemessen. Der Reiz ist offensichtlich unterschwellig.
Eine Depolarisation in Höhe von 30 Millivolt hat einen geringen Kalziumioneneinstrom in Höhe von etwa 150 Nanoampere zur Folge. Beim nachgeschalteten Neuron zeigt sich eine geringfügige Depolarisation, die offensichtlich zu gering ist, um dort ein Aktionspotenzial auszulösen. Der Schwellenwert im nachgeschalteten Neuron wird nicht erreicht.
Eine Depolarisation in Höhe von 60 Millivolt hat einen Kalziumioneneinstrom von etwa 300 Nanoampere zur Folge. Im nachgeschalteten Neuron wird ein Aktionspotenzial ausgelöst. Offensichtlich ist der Kalziumioneneinstrom so hoch, das hinreichend viele Acetylcholin-Moleküle freigesetzt werden und damit eine höhere Anzahl an Natriumionenkanälen geöffnet wird. Die Depolarisation der postsynaptischen Membran reicht aus, um am Axonhügel den Schwellenwert zu überschreiten.

c Planen Sie einen weiterführenden Versuch, mit dem Sie die Bedeutung des Acetylcholins für die Erregungsleitung genauer untersuchen können!
In einem weiterführenden Versuch könnte durch Mikroinjektion unterschiedlicher Konzentrationen Acetylcholins im Bereich der Präsynapse zwischen den Neuronen N_1 und N_2 überprüft werden, welchen Einfluss die freigesetzte Menge des Transmitters auf das postsynaptische Potenzial hat. Weiterhin kann auf diese Weise festgestellt werden, ab welcher Konzentration des Transmitters ein Aktionspotenzial im nachgeschalteten Neuron ausgelöst wird.

Vom Reiz zur Reaktion

1 Sinne und Sinnesorgane

Aufnahme und Verarbeitung von Sinnesreizen

Seite 62–64

1 Erstellen Sie ein Flussdiagramm, das die Vorgänge der Signaltransduktion wiedergibt!

Spezifische Membranstrukturen, zum Beispiel Rezeptorproteine, reagieren auf einen Reiz, zum Beispiel wenige Duftstoffmoleküle, indem sie ihre räumliche Struktur ändern.

⇩

Natriumionenkanäle in der Zellmembran der Rezeptorzelle öffnen sich.

⇩

Natriumionen strömen in die Zelle.

⇩

Die Zellmembran wird depolarisiert.

⇩

Spannungsgesteuerte Kalziumionenkanäle öffnen sich.

⇩

Kalziumionen strömen in die Zelle.

⇩

Dies bewirkt die Ausschüttung von vielen Neurotransmittermolekülen in den synaptischen Spalt.

2 Vergleichen Sie die Signaltransduktion der verschiedenen Sinneszellen!

Gemeinsamkeiten:

Alle Sinneszellen reagieren auf einen spezifischen Reiz mit einer Veränderung des Rezeptorpotenzials. Alle Sinneszellen können schwache Reize verstärken. Reize werden immer in elektrische Signale umgewandelt. Die Signaltransduktion läuft bei allen Sinneszellen nach dem unter Aufgabe 1 beschriebenen Schema ab.

Unterschiede:

Bei Chemorezeptoren binden Moleküle an ein Rezeptorprotein, was über eine Reaktionskette zu einer Änderung des Membranpotenzials in der Zelle führt.

Bei Fotorezeptoren führt ein Lichtreiz (Photonen) zur Strukturänderung des Rezeptorproteins, was über eine Reaktionskette zu einer Änderung des Membranpotenzials in der Zelle führt.

Bei Thermorezeptoren führt ein Wärmereiz zur Öffnung von Ionenkanälen, was zu einer Änderung des Membranpotenzials in der Zelle führt.

Bei Mechanorezeptoren führt ein mechanischer Reiz wie Berührung, Druck oder Vibration zur Öffnung von Ionenkanälen, was zu einer Änderung des Membranpotenzials in der Zelle führt.

Elektro- und Magnetorezeptoren reagieren auf elektrische beziehungsweise magnetische Felder, was zu einer Änderung des Membranpotenzials in der Zelle führt.

3 Vergleichen Sie Bau und Funktion von primären und sekundären Sinneszellen!

Gemeinsamkeiten:

Sowohl primäre als auch sekundäre Sinneszellen haben einen Zellkörper mit Zellkern sowie spezifische Membranstrukturen zur Reizaufnahme (Rezeptorproteine). Sie wandeln spezifische Reizinformationen aus der Umwelt in elektrische Signale um.

Unterschiede:

Primäre Sinneszellen, zum Beispiel die Geruchsrezeptoren der Insekten und Wirbeltiere, ähneln in ihrem Bau den Neuronen. Sie haben im Gegensatz zu den sekundären Sinneszellen ein Axon und bilden ein Rezeptorpotenzial, das sich bis zum Axonhügel ausbreitet und dann bei Überschreiten eines Schwellenwertes in Aktionspotenziale umgesetzt wird. Diese Erregung wird auf nachgeschaltete Neuronen übertragen.

Sekundäre Sinneszellen, zum Beispiel Haarzellen im Ohr der Wirbeltiere, besitzen kein Axon und bilden selbst keine Aktionspotenziale. Das Rezeptorpotenzial breitet sich bis zur Synapse aus und bewirkt dort die Ausschüttung eines Neurotransmitters. Im nachgeschalteten Neuron können dann Aktionspotenziale entstehen.

4 Beschreiben und erläutern Sie die unterschiedlichen Rezeptorantworten im Hinblick auf den Zusammenhang zwischen Reiz und Rezeptorpotenzial!

Je nach Reizantwort unterscheidet man drei Typen von Rezeptoren:

Tonische Rezeptoren ändern ihre Impulsfrequenz bei Dauerreizung und bei gleicher Reizstärke nicht. Die Reizstärke wird exakt codiert. Eine Rezeptoradaptation findet nicht statt.

Bei phasischen Rezeptoren fällt die Impulsfrequenz bei Dauerreizung durch Adaptation auf null ab.

Bei phasisch-tonischen Rezeptoren ist die Impulsfrequenz am Anfang hoch und fällt dann auf einen niedrigeren konstanten Wert ab.

5 Nennen Sie für das Phänomen der Rezeptoradaptation Beispiele aus dem Alltag!

Als Beispiele können zum Beispiel genannt werden:

- Hell-Dunkel-Adaptation des Auges,
- Einstellen des Gehörsinns auf einen Geräuschpegel,
- Gewöhnung der Geruchs- und Geschmacksrezeptoren,
- Berührungsreiz durch Kleidung.

Seite 65 (Material)

Material A – Der Infrarotsensor des Schwarzen Kiefernprachtkäfers

A1 Beschreiben Sie den Infrarotsensor des Käfers und erläutern Sie dessen biologische Bedeutung!
Der Schwarze Kiefernprachtkäfer besitzt Infrarotrezeptoren in den Hüftgruben der Mittelbeine, die Feuerwärme registrieren können. Der Rezeptor ist eingebettet in einen winzigen, mit kleinsten Mengen Wasser gefüllten Behälter. Das Wasser in den Behältern wird bei einem Waldbrand durch die Infrarotstrahlung erhitzt, dehnt sich aus und drückt gegen die Sinneszelle. Die druckabhängige Verformung des Rezeptors führt zur Auslösung eines Rezeptorpotenzials. Der Feuerkäfer registriert die Spannungsänderungen und fliegt in Richtung Waldbrand. Die Infrarotsensoren der Käfer ermöglichen ihnen, Waldbrände schnell zu orten, sodass die Weibchen ihre Eier unter die Rinde von abgebrannten Bäumen ablegen können.

A2 Ordnen Sie die Infrarotsinneszellen einem Rezeptortyp zu und begründen Sie Ihre Zuordnung!
Die Infrarotsinneszellen des Schwarzen Kiefernprachtkäfers sind den Mechanorezeptoren zuzuordnen, da sie auf Druckänderungen reagieren. Durch die Ausdehnung des wassergefüllten Behälters wird Druck auf den Rezeptor ausgeübt, sodass dieser sich verformt. Die Verformung wiederum löst Ionenströme und damit Spannungsänderungen aus.

A3 Beschreiben Sie das Antwortverhalten einer Infrarotsinneszelle und begründen Sie, um welche Art der Reizcodierung es sich hierbei handelt!
Bei anhaltender Reizung der Infrarotsinneszellen nimmt die Frequenz der Aktionspotenziale ab. Bei dem Infrarotsensor des Schwarzen Kiefernprachtkäfers handelt es sich somit um einen phasischen Rezeptor.

Material B Der sechste Sinn der Haie

B1 Beschreiben Sie den Aufbau der Lorenzinischen Ampullen und erläutern Sie an diesem Beispiel das Basiskonzept Struktur und Funktion!
Die Lorenzinischen Ampullen sind winzige, schleimgefüllte Kanäle mit Elektrorezeptoren. Sie sind über die Schnauzenregion verteilt und an der Hautoberfläche als dunkle Porenöffnungen zu erkennen. Im Meerwasser entstehen durch die Muskelbewegungen von Lebewesen elektrische Felder. Diese elektrischen Felder können von den Lorenzinischen Ampullen registriert werden. Die Struktur der Lorenzinischen Ampullen erklärt deren Funktion: Die mit Schleim gefüllten Kanäle leiten selbst schwache elektrische Ströme an die Rezeptoren weiter.

B2 Erläutern Sie die Reizcodierung in Elektrorezeptoren!
Die Elektrorezeptorzelle wird erregt, wenn ein elektrisches Feld über ihrer Membran ein Potenzial erzeugt. Es öffnen sich Ionenkanäle und Ionen strömen in die Zelle ein. Die Weiterleitung des Signals erfolgt dann über Synapsen. Die Frequenz der entstehenden Aktionspotenziale zeigt Stärke und Ausrichtung des elektrischen Feldes an. Die Reizrichtung erkennt der Hai an der Position der erregten Rezeptoren in seiner Haut.

B3 Erörtern Sie die biologische Bedeutung des sechsten Sinns von Haien!
Jedes Lebewesen erzeugt elektrische Felder durch Muskelaktivität. Haie erkennen diese schwachen elektrischen Felder, von denen Tiere im Wasser umgeben sind, mit dem sechsten Sinn, das heißt, mithilfe der Lorenzinischen Ampullen. Dieser Sinn hilft Haien dabei, ihre Beute zu finden und in der Schlussphase eines Angriffs zu erkennen, wo genau sie zubeißen sollten. Er lässt sie aber auch spüren, wenn sich ihnen ein Beutegreifer nähert. Der sechste Sinn ist somit ein sehr effektives System zur schnellen Ortung von Beute und Feinden.

Wahrnehmung von Gerüchen

Seite 66–68

1 Beschreiben Sie den Weg eines Duftstoffmoleküls bis zu einer Geruchsrezeptorzelle und begründen Sie das Zustandekommen eines Rezeptorpotenzials!
Die Geruchsrezeptorzellen sind ein wesentlicher Bestandteil des Riechepithels, das sich in der Nasenhöhle befindet. Sie besitzen chemosensorische Zilien, die als gebündelte Härchen den Kontakt zur Außenwelt bilden. Ein kleiner Teil der eingeatmeten Luft streicht über die Rezeptorzilien, die von Schleim bedeckt sind. Geruchsmoleküle aus der Luft lösen sich in der Schleimschicht, sodass die Rezeptoren in direkten Kontakt mit ihnen kommen. Die Bindung eines Geruchsmoleküls an die Rezeptorproteine in der Membran der Geruchsrezeptorzelle führt zu einer Aktivierung eines G-Proteins, das die Bildung von cAMP veranlasst. Das cAMP öffnet spezifische Ionenkanäle, eine Membrandepolarisation ist die Folge.
Zusatzinformation: Geruchsinformationen können entweder über den Mund zum Riechnerv gelangen oder nur über die Nase, was als orthonasal bezeichnet wird. Orthonasales Riechen wird durch Blumendüfte, Parfums, Rauch, Nahrungsaromen, soziale Gerüche, den Geruch von Beute und Pheromone angeregt. Beim retronasalen Riechen haben Gerüche auch eine Geschmackskomponente, die über den Mund zur Riechbahn gelangt.

2 Begründen Sie, warum Hunde oder Ratten über einen stark ausgeprägten Geruchssinn verfügen!
Je größer die Oberfläche des Riechepithels, desto besser ist der Geruchssinn. So können Hunde oder Ratten im Vergleich zum Menschen besser riechen, da ihr Riechepithel um ein Vielfaches größer ist als beim Menschen. Zudem besitzen sie deutlich mehr Geruchsrezeptorzellen als zum Beispiel der Mensch.

3 Erläutern Sie, wie es zur Wahrnehmung eines komplexen Geruchs kommt! Berücksichtigen Sie hierbei die verschiedenen Verarbeitungsebenen!
Menschen besitzen mehr als 380 verschiedene Rezeptorzellen, die jeweils nur auf eine begrenzte Anzahl von Duftstoffmolekülen reagieren. Jedes Rezeptorprotein weist mehrere Zonen auf, an die unterschiedliche Duftstoffmoleküle binden können. Zudem reagieren etliche Rezeptoren auf dasselbe Duftstoffmolekül. Ein Geruch aktiviert so unter den Rezeptoren ein typisches Muster, jeder Geruch hat also seine eigene „Signatur". Werden die Rezeptoren eines spezifischen Duftmusters aktiviert, senden sie die Information dieser Signatur an das Gehirn. Eine erste Verarbeitungsstufe befindet sich dabei im Riechkolben. Von dort gelangen die Informationen über die Riechbahn in höhere Zentren des Gehirns, den olfaktorischen Kortex (Riechrinde), wo sie weiterverarbeitet werden.

4 Fassen Sie die Bedeutung des Geruchssinns für den Menschen übersichtlich zusammen!
Der Geruchssinn ist überlebenswichtig: Er warnt uns vor gefährlichen Substanzen in der Umwelt, vermittelt uns über das limbische System mit Gerüchen verbundene Glücks- und Ekelgefühle und spielt eine wesentliche Rolle bei der Partnerwahl.

Seite 69 (Material)

Material A – Wie wir schmecken

A1 Beschreiben Sie den Aufbau der Zunge und einer Geschmacksknospe!
Die Zunge besteht aus Muskelgewebe, das von Nerven innerviert wird. Die Oberfläche der Zunge wird vom Zungenepithel gebildet. Auf der Zunge befinden sich Geschmackspapillen, in die beim Menschen rund 2000 bis 5000 Geschmacksknospen eingebettet sind. Zwischen den Papillen liegen Schleimdrüsen.
Jede Geschmacksknospe besteht aus 10 bis 50 Geschmacksrezeptorzellen, die dicht nebeneinander liegen. Über eine mit Flüssigkeit gefüllte Geschmackspore haben die Rezeptorproteine der Geschmacksrezeptorzellen Kontakt zu den Geschmacksmolekülen. Die Geschmacksrezeptorzellen sind mit nachgeschalteten Neuronen synaptisch verknüpft.

A2 Erläutern Sie den Transduktionsmechanismus bei einer Geschmacksrezeptorzelle, die süß „registriert"!
Ein Glukosemolekül bindet an das Rezeptorprotein der Geschmacksrezeptorzelle, wodurch ein an das Rezeptorprotein gekoppeltes G-Protein aktiviert wird. Dies löst eine Second-Messenger-Kaskade aus, die zur Öffnung von Natriumionenkanälen führt. Natriumionen strömen in die Rezeptorzelle, wodurch die Zellmembran depolarisiert wird. Daraufhin öffnen sich spannungsgesteuerte Kalziumionenkanäle und Kalziumionen strömen in die Rezeptorzelle. Durch die erhöhte Kalziumionenkonzentration verschmelzen mit Neurotransmittern gefüllte Vesikel mit der Rezeptorzellmembran. Durch Exozytose werden die Neurotransmitter in den synaptischen Spalt entlassen. Diese diffundieren zur postsynaptischen Membran und binden dort an Ionenkanal-gekoppelte Rezeptoren. Dadurch verursachte Ionenströme lösen in den nachgeschalteten Neuronen Aktionspotenziale aus. Diese Erregung wird dann in den Hirnstamm weitergeleitet und dort interpretiert.
Die Geschmacksrezeptorzelle besitzt kein Axon und bildet selbst keine Aktionspotenziale. Es handelt sich also um eine sekundäre Sinneszelle.

A3 Obwohl wir auf der Zunge nur fünf Geschmacksqualitäten erkennen können, unterscheiden wir dennoch einen süßen Apfel von einer süßen Birne. Stellen Sie eine Vermutung auf, die dies erläutert!
Die Wahrnehmung unterschiedlicher Geschmacksrichtungen erfolgt vermutlich über das Riechen. Die Zunge kann nur die Grundgeschmacksrichtungen unterscheiden: süß, sauer, salzig, bitter und umami. Die feinen Aromen, die Geschmack meist ausmachen, nehmen wir erst wahr, wenn die Nase frei ist. Deshalb kann man bei starkem Schnupfen nichts schmecken. Während wir Nahrungsmittel kauen oder schlucken, steigen wahrscheinlich Duftstoffmoleküle über den Rachen bis zur Riechschleimhaut auf. Dort sitzen Geruchsrezeptorzellen, an die die Duftstoffmoleküle binden und dadurch den Riechnerv aktivieren. Erst durch diesen Geruchssinn können wir zum Beispiel einen süßen Apfel von einer süßen Birne unterscheiden.

A4 Bilden Sie Hypothesen über evolutionäre Vorteile, die mit dem Schmecken der fünf Geschmacksqualitäten verbunden sind!
Mithilfe des Geschmackssinns sind wir in der Lage, die Qualität von Nahrung zu prüfen. Giftige Substanzen oder unbekömmliche Pflanzeninhaltsstoffe schmecken oft bitter, genießbare Nahrung ist dagegen meist süß oder herzhaft. Die Geschmacksqualität Salzig hilft bei der Erkennung von lebensnotwendigen Ionen wie zum Beispiel Natrium- oder Chloridionen. Süßer Geschmack weist auf kohlenhydratreiche, also energiereiche Nahrung hin. Viele unreife Früchte produzieren große Mengen an Säuren und sind daher unbekömmlich, was durch die

Geschmacksqualität Sauer erkannt wird. Umami ist ein Hinweis auf kalorienreiche, proteinhaltige Nahrung.

Struktur und Funktion des Auges

Seite 70–72

1 Geben Sie die Unterschiede zwischen Stäbchen und Zapfen tabellarisch an!

	Stäbchen	Zapfen
höchste Dichte	Peripherie der Retina	gelber Fleck (Fovea) in der Retina
Form	länglich, zylindrisch	kürzer, zugespitzt
Funktion	Sehen bei Dämmerung und Dunkelheit	Farbensehen bzw. Sehen am Tag
Rezeptortypen	nur ein Typ	drei verschiedene Typen (Blau-, Rot- und Grünrezeptoren)
Lichtempfind-lichkeit	hoch	niedrig
Anzahl der Disks	hoch	geringer

2 Erstellen Sie ein Flussdiagramm, das den Strahlengang im Auge wiedergibt!

Die Lichtstrahlen treffen auf die Hornhaut des Auges und werden gebündelt.

⇩

Die Lichtstrahlen passieren die Pupille, deren Größe und somit die eindringende Lichtmenge durch die Iris geregelt wird.

⇩

Die Lichtstrahlen durchdringen die transparente Linse.

⇩

Die Lichtstrahlen gelangen durch den Glaskörper zur Retina.

⇩

Dort erreichen sie die Fotorezeptoren, wo das Licht von den Fotopigmenten absorbiert wird.

3 Erklären Sie, weshalb die Sehschärfe im gelben Fleck am höchsten ist!

Das Zentrum des von der Linse erzeugten Bildes fällt genau auf den gelben Fleck. Die Linse fokussiert also auf den gelben Fleck. Zudem ist in diesem Bereich der Retina die Dichte der Zapfen am höchsten. Der gelbe Fleck hat somit das höchste Auflösungsvermögen, wodurch das gesehene Bild dort am schärfsten ist.

Seite 73 (Material)

Material A – Lichtsinnesorgane im Tierreich

A1 Vergleichen Sie den Aufbau der verschiedenen Lichtsinnesorgane!

Gemeinsamkeiten:

Alle drei abgebildeten Lichtsinnesorgane sind aus Fotorezeptoren, Pigmentzellen und einem Sehnerv aufgebaut.

Unterschiede:

Flachaugen bestehen aus einer Reihe von Pigmentzellen, in deren Mitte wenige Fotorezeptoren zwischen den Pigmentzellen liegen. Grubenaugen bestehen aus einer grubenförmig gebogenen Schicht aus Pigmentzellen und Fotorezeptoren. Linsenaugen bestehen aus einer fast kreisrunden Schicht aus Pigmentzellen und Fotorezeptoren. In der Sehöffnung befindet sich eine Linse, die durch weitere Zellschichten nach außen abgeschirmt ist.

A2 Stellen Sie den Zusammenhang zwischen Aufbau und Funktion der verschiedenen Lichtsinnesorgane dar!

Flachaugen ermöglichen durch die spezielle Anordnung der Fotorezeptoren und Pigmentzellen, die Streulicht abschirmen, eine Art Richtungssehen, da Licht nur aus einer bestimmten Richtung einstrahlen kann.

Da einfallende Lichtstrahlen stets eine Gruppe von Sinneszellen gleichmäßig erregen, aber kein differenziertes Erregungsmuster erzeugen, ist mit Grubenauge ein gutes Richtungssehen, aber kein Bildsehen möglich.

Beim Linsenauge wird das Licht durch die Linse gebrochen, sodass es punktförmig fokussiert wird. Zudem ist die Linse verformbar, wodurch unterschiedlich weit entfernte Dinge scharf erkennbar sind.

Material B – Bedeutung der Müllerzellen

B1 Vergleichen Sie den Aufbau der Retina des Menschen mit der eines Tintenfischs! Nehmen Sie dazu die Abbildung 03 auf Seite 71 zu Hilfe!

Gemeinsamkeiten:

Beide Retinatypen enthalten Fotorezeptorzellen, die mit Nervenzellen verbunden sind, deren Fortsätze sich zu einem Sehnerv vereinigen.

Unterschiede:

Beim Linsenauge des Tintenfisches sind die Sehzellen der Retina dem Licht zugewandt. Die Gewebsschicht aus Nervenzellen liegt dahinter. Diesen Aufbau nennt man everse Retina.

Bei Wirbeltieren durchdringt das Licht dagegen erst mehrere Schichten verschiedener Nervenzellen, bevor es die lichtempfindlichen Sehzellen erreicht. Die Sehzellen der Retina sind dem Licht abgewandt. Diesen Aufbau nennt man inverse Retina.

B2 Erläutern Sie die Funktion der Müllerzellen!
Bevor das Licht die Lichtsinneszellen erreicht, muss es erst mehrere Schichten anderer Netzhautzellen durchdringen. Dabei würde es eigentlich von diesen Zellen reflektiert werden, in alle Richtungen gestreut werden und so an Intensität verlieren. Ein unscharfes und lichtschwaches Bild wäre die Folge. Die Müllerzellen wirken dem entgegen, indem sie die Lichtstrahlen bündeln und fokussieren. Sie dienen somit als Lichtleiter.

B3 Fassen Sie die Vor- und Nachteile beider Retinatypen zusammen!
Die Vorteile des einen Retinatyps sind die Nachteile des anderen Retinatyps und umgekehrt.
Bei Augen mit invers aufgebauter Retina (zum Beispiel Linsenauge des Menschen) muss das Licht erst mehrere Schichten von Nervenzellen durchdringen, bevor es auf die Lichtsinneszellen trifft. Da die Nervenzellen vor den Lichtsinneszellen liegen, das Gehirn aber hinter dem Auge, müssen die Nervenzellen an einer Stelle die Netzhaut passieren. An dieser Stelle befinden sich keine Lichtsinneszellen und daher können dort keine Lichtimpulse wahrgenommen werden. Diese Stelle bezeichnet man als blinden Fleck. Bei Augen mit everser Retina (zum Beispiel Linsenauge der Tintenfische) liegen die Lichtsinneszellen vor den Nervenzellen. Daher müssen diese die Netzhaut nicht durchbrechen und es existiert somit kein blinder Fleck.
Auf den ersten Blick erscheint der inverse Aufbau der Retina des Wirbeltierauges unsinnig – doch er bietet einige Vorteile gegenüber dem eversen Aufbau der Retina des Tintenfischauges: Bei gleicher Augengröße passen mehr Sinneszellen ins Auge, da die hintere Fläche der Retina größer ist. Die Blutgefäße können die Zapfen und Stäbchen viel besser erreichen und mit Nährstoffen versorgen.

Fototransduktion und Farbensehen

Seite 74–76

1 Fassen Sie die wichtigsten Schritte der Fototransduktion zusammen!
Fototransduktion ist die Umwandlung eines Lichtreizes in einen Nervenimpuls. Sie erfolgt in den Disks von Stäbchen und Zapfen, die den Sehfarbstoff Rhodopsin enthalten. Trifft ein Photon auf ein Rhodopsinmolekül, reagiert es zu Metarhodopsin II. Dieses reagiert mit dem Membranprotein Transducin. Das so aktivierte Transducin aktiviert wiederum das Enzym Phosphodiesterase, das den Abbau von zyklischem Guanosinmonophosphat, kurz cGMP, auslöst. Die Abnahme der Konzentration des cGMP hat eine Schließung der Natriumionenkanäle und damit eine Hyperpolarisation der Zellmembran der Fotorezeptorzelle zur Folge.

2 Erklären Sie das Sprichwort: „Nachts sind alle Katzen grau“!
Bei wenig Licht sehen wir keine Farben, denn die Zapfen werden bei geringer Lichtintensität nicht mehr gereizt. Die Stäbchen, welche lichtempfindlicher als die Zapfen sind und daher noch bei geringem Licht reagieren, senden aber weiterhin Impulse ans Gehirn. Aus diesem Grund sehen wir bei wenig Licht keine Farben mehr, sondern nur noch Grautöne.

Seite 77 (Material)

Material A – Potenzialverhältnisse bei Zellen der Retina

A1 Beschreiben Sie die Membranpotenziale in den einzelnen Zellen der Retina bei Dunkelheit und bei Belichtung!
In völliger Dunkelheit beträgt das Ruhepotenzial eines Stäbchens -40 Millivolt. In der nachgeschalteten Bipolarzelle kommt es zur Auslösung eines Aktionspotenzials, wodurch ihr Membranpotenzial von -70 Millivolt auf +30 Millivolt steigt. Die nachgeschaltete Ganglienzelle zeigt ein Ruhepotenzial von -70 Millivolt. Eine Belichtung bewirkt eine Hyperpolarisation der Stäbchenmembran auf -60 Millivolt. In der Bipolarzelle wird kein Aktionspotenzial erzeugt. Das Ruhepotenzial der Bipolarzelle liegt bei -70 Millivolt. In der Ganglienzelle wird dagegen ein Aktionspotenzial ausgelöst, wodurch ihr Membranpotenzial von -70 Millivolt auf +30 Millivolt steigt.

A2 Erläutern Sie, wie es zu den dargestellten Membranpotenzialen bei Dunkelheit und bei Belichtung in den Zellen der Retina kommt!
Die Synapsen der Stäbchen schütten im Dunkeln ständig einen erregenden Transmitter aus. Dies führt zur Auslösung von Aktionspotenzialen in den Bipolarzellen, die daraufhin einen hemmenden Transmitter ausschütten. In den nachgeschalteten Ganglienzellen erfolgt keine Erregung. Ein auftreffender Lichtreiz bewirkt eine Hyperpolarisation der Stäbchenmembran. Die erregende Transmitterausschüttung stoppt und in den Bipolarzellen werden keine Aktionspotenziale gebildet. Die hemmende Wirkung auf die Ganglienzellen durch hemmende Transmitterausschüttung entfällt. Die Ganglienzellen bilden Aktionspotenziale aus.

Material B – Retinitis pigmentosa

B1 Beschreiben Sie die anatomischen Veränderungen der Retina bei einer an Retinitis pigmentosa erkrankten Person!
Die Abbildung zeigt, dass die Retina der an Retinitis pigmentosa erkrankten Person im Vergleich zum Gesunden stark verändert ist. Insgesamt ist die Anordnung der unterschiedlichen Zelltypen in Schichten nicht mehr

eindeutig zu erkennen. Insbesondere findet sich eine Degeneration der Fotorezeptoren; diese sind nicht eindeutig zu identifizieren.

B2 Stellen Sie eine Vermutung zur Reizantwort der Fotorezeptoren einer an Retinitis pigmentosa erkrankten Person im Vergleich zu einer gesunden Person auf!
Während bei Gesunden ein Lichtreiz zu einer Änderung des Membranpotenzials der Fotorezeptoren führt, ist bei einer an Retinitis pigmentosa erkrankten Person davon auszugehen, dass die Reizantwort der Fotorezeptoren stark reduziert oder nicht vorhanden ist.

B3 Begründen Sie, weshalb eine Mutation in den Genen für die cGMP-spezifische Phosphodiesterase eine Retinitis pigmentosa verursachen kann!
Eine Mutation in den Genen der cGMP-spezifischen Phosphodiesterase führt zu einer strukturellen Veränderung des Enzyms. Daher wird die katalytische Funktion des Enzyms gestört. Die Folge ist eine Unterbrechung der biochemischen Kaskade während der Fototransduktion. Eine adäquate Reaktion auf einen Lichtreiz bleibt aus.

Seite 78–79 (Im Blickpunkt Forschung: Biorhythmus und innere Uhr)

1 Vergleichen Sie die Funktion der Retinalen Ganglienzellen mit der von Stäbchen und Zapfen!
Gemeinsamkeiten:
Retinale Ganglienzellen sind wie die Stäbchen und Zapfen Lichtsinneszellen in der Retina des menschlichen Auges. Lichtreize werden in elektrische Signale umgewandelt und diese an das Gehirn weitergeleitet.
Unterschiede:
Retinale Ganglienzellen reagieren mithilfe des spezifischen Fotopigments Melanopsin nur auf Helligkeitsunterschiede. Ein Lichtreiz führt im Vergleich zu den anderen Lichtsinneszellen in den Retinalen Ganglienzellen zu einer Erhöhung der elektrischen Aktivität. Im Gehirn erfolgt die Umwandlung des elektrischen Signals in einen zirkadianen Rhythmus und nicht in einen Seheindruck wie bei Stäbchen und Zapfen.
Zusatzinformation: Die speziellen Melanopsin-Ganglienzellen heißen offiziell intrinsisch lichtempfindliche retinale Ganglienzellen (engl. intrinsically photosensitive retinal ganglion cells, kurz ipRGCs). Im Buch werden sie der Einfachheit halber als Retinale Ganglienzellen bezeichnet.

2 Beschreiben Sie mithilfe der Abbildung 01 die Signalkette vom Auge zum Biorhythmus!
Licht wirkt als Signalgeber. Die Informationen werden in Form von Nervenimpulsen an das Gehirn weitergeleitet, wo sie den Suprachiasmatischen Nukleus (SCN) erreichen. Dieser generiert die biologischen Rhythmen. Über weitere Stationen, zum Beispiel die Zirbeldrüse, werden die rhythmischen Signale, zum Beispiel in Form von Hormonen wie Melatonin, an den Körper geleitet.

3 Erläutern Sie die Entstehung eines Jetlags!
Die innere Uhr läuft bei einem Jetlag noch nach dem „alten" Zeitprogramm. Der Biorhythmus gerät dann durch die Zeitverschiebung und den veränderten Hell-Dunkel-Rhythmus aus dem Takt. Die innere Uhr muss neu gestellt werden, das heißt, sie wird neu synchronisiert. Die Umstellung auf die neue Zeitzone und damit an den veränderten Tag-Nacht-Wechsel dauert allerdings einige Tage, in denen sich zum Beispiel stoffwechselphysiologische Nebenwirkungen ergeben.

Vom Reiz zur Wahrnehmung

Seite 80–84

1 Erklären Sie mithilfe von Abbildung 02 die unterschiedlichen Reaktionen von Ganglienzellen auf Lichtreize in den Rezeptiven Feldern!
Ein Rezeptives Feld besitzt ein Zentrum und ein Umfeld. Darin befinden sich Fotorezeptoren, die über Bipolarzellen auf eine gemeinsame Ganglienzelle verschaltet sind. Je nach Eigenschaft der Bipolarzellen (erregend/hemmend) führt ein Lichtreiz zu unterschiedlichen Reaktionen der Ganglienzelle.
Erregende Bipolarzellen im Zentrum und hemmende Bipolarzellen im Umfeld: Fällt ein Lichtpunkt auf Fotorezeptoren, die sich im Zentrum des Rezeptiven Feldes befinden, bildet die Ganglienzelle mehr Aktionspotenziale als sonst, die Frequenz steigt. Die Zelle ist erregt. Geht der Punkt aus, werden weniger Aktionspotenziale gebildet – die Ganglienzelle ist gehemmt. Im Umfeld passiert genau das Gegenteil: Geht der Lichtpunkt dort an, nimmt die Anzahl der Aktionspotenziale ab; geht er aus, steigt sie über die spontane Aktivität an.
Hemmende Bipolarzellen im Zentrum und erregende Bipolarzellen im Umfeld: Fällt ein Lichtpunkt auf Fotorezeptoren, die sich im Zentrum des Rezeptiven Feldes befinden, bildet die Ganglienzelle weniger Aktionspotenziale als sonst, die Frequenz sinkt. Die Zelle ist gehemmt. Geht der Punkt aus, werden mehr Aktionspotenziale gebildet – die Ganglienzelle ist erregt. Im Umfeld passiert genau das Gegenteil: Geht der Lichtpunkt dort an, steigt die Anzahl der Aktionspotenziale über die spontane Aktivität an; geht er aus, nimmt die Anzahl der Aktionspotenziale ab.
Ist die Helligkeit im Zentrum und im Umfeld gleich, reagiert die Ganglienzelle nicht, da sich die Aktivitäten der hemmenden und erregenden Bipolarzellen aufheben. Bei Helligkeitsunterschieden im Zentrum und im Umfeld reagiert die Ganglienzelle mit verstärkter Aktivität. Je größer die Helligkeitsunterschiede sind, desto mehr

Aktionspotenziale werden in der Ganglienzelle gebildet. Die Ganglienzellen reagieren daher am stärksten auf helle Flecken vor dunklem Hintergrund.

Zusatzinformation: Da Zentrum und Umfeld eines Rezeptiven Feldes die Aktivität der Ganglienzellen mit gegensätzlicher Wirkung beeinflussen, spricht man von einem Zentrum-Umfeld-Antagonismus.

Reagiert eine Ganglienzelle im Zentrum auf „Licht an" und im Umfeld auf „Licht aus" mit Erregung, wird sie als AN-Zentrum-AUS-Umfeld-Zelle oder kurz AN-Zelle bezeichnet. Etwa die Hälfte unserer Ganglienzellen sind AN-Zellen, die andere Hälfte sind AUS-Zellen. Sie reagieren genau umgekehrt und werden durch Licht im Zentrum gehemmt und im Umfeld erregt. Ob eine Ganglienzelle eine AN- oder eine AUS-Zelle ist, hängt davon ab, mit welchen Bipolarzellen sie verbunden ist. Folgt die Bipolarzelle der Aktivität des Fotorezeptors – Erregung im Dunkeln, Hemmung bei Licht – nennt man sie AUS-Bipolarzelle. AN-Bipolarzellen werden bei Licht erregt und im Dunkeln gehemmt.

2 Beschreiben Sie mithilfe eines Flussdiagramms, wie im Gehirn aus einem Seheindruck eine bewusste Wahrnehmung wird!

Die Zellen in der Retina verarbeiten und filtern die im visuellen Reiz enthaltene Information.

⇩

Die Information wird über die Axone der Ganglienzellen (den Sehnerv) in geordneter Form bis zum Chiasma opticum weitergeleitet.

⇩

Dort kreuzen einige Nervenfasern zur jeweils gegenüberliegenden Gehirnhälfte.

⇩

Über die Sehbahn wird die Information zum Thalamus weitergeleitet.

⇩

Dort wird die Information nochmals gefiltert und dem Bewusstsein „zugeführt".

⇩

Die Information wird dann zur Sehrinde im Hinterhauptlappen des Großhirns weitergeleitet.

⇩

Von dort aus erfolgt die kortikale Verarbeitung visueller Information über zwei Hauptpfade.

⇩	⇩
Der Pfad zum Scheitellappen dient der Handlungssteuerung sowie der Bewegungs- und Positionswahrnehmung („Wo-Strom").	Der Pfad zum Schläfenlappen dient der Objekterkennung („Was-Strom").

3 Diskutieren Sie, welche Vorteile und Nachteile die Modularität der visuellen Informationsverarbeitung im Gehirn hat!

Neuronen, die für bestimmte Eigenschaften visueller Reize empfindlich sind, arbeiten als Funktionseinheit zusammen. Diese einzelnen Module unterscheiden sich von anderen durch ihre Eingangssignale, ihr Antwortverhalten und ihre Verschaltungen. Die visuelle Informationsverarbeitung erfolgt also modular.

Dies hat einige Vorteile, zum Beispiel gleichzeitige Verarbeitung großer Informationsmengen durch Arbeitsteilung, Vermeidung von Energieverlusten durch Filter. Die Modularität hat aber auch Nachteile, zum Beispiel hohe Störanfälligkeit aufgrund der Komplexität, Risiko von Ausfällen bestimmter Module, Fehlinterpretation der visuellen Information.

Seite 85 (Material)

Material A – Das Halle-Berry-Neuron

A1 Erläutern Sie die Methode der elektrophysiologischen Ableitung an Epilepsiepatienten!

Den Epilepsiepatienten wurden während einer Operation Tiefenelektroden in das Gehirn implantiert, die zur Behandlung der Epilepsie dienten. Gleichzeitig konnte man mithilfe dieser Elektroden, Erregungen einzelner Neuronen in spezifischen Gehirnregionen messen.

A2 Beschreiben und erklären Sie das Ergebnis der Ableitungen!

Das Ergebnis der Ableitungen bei einem Epilepsiepatienten während der Präsentation von Fotos der Schauspielerin Halle Berry und der Schauspielerin Julia Roberts beziehungsweise des jeweiligen Namens als Schriftzug wird in Form von senkrechten Balken dargestellt. Jeder Balken steht für ein Aktionspotential. Ein bestimmtes Neuron reagierte mit einer erhöhten Anzahl an Aktionspotenzialen auf alle Fotos von Halle Berry und ihren Namen als Schriftzug, aber nicht auf ein Foto von Julia Roberts und ihren Namen als Schriftzug.

Die Darbietung von bekannten Gesichtern führt zu einer spezifischen Spikeantwort von einzelnen Neuronen. Selbst, wenn nur der Schriftzug dieser Person gezeigt wird, kommt es zur gleichen Aktivierung. Dies zeigt die Beständigkeit der Reaktion von Neuronen auf zum Beispiel eine bestimmte Person und würde die „Großmutterzellen"-Theorie bestätigen.

A3 Diskutieren Sie, inwiefern die entdeckten „Großmutterzellen" von Vorteil für die Wahrnehmung sein könnten!

Aus evolutionsbiologischer Sicht könnten die „Großmutterzellen" eine schnelle und sichere Zuordnung von Gesichtern und Personen innerhalb des sozialen Verbandes erlauben. In diesem Zusammenhang ist jedoch fragwürdig, warum Halle Berry und nicht Julia Roberts, die beide denselben Bekanntheitsstatus aus Sicht des Epilepsiepatienten haben dürften, vom Neuron „erkannt“ werden. Dies könnte darauf hindeuten, dass die „Großmutterzellen“ nicht Personen aus der Familie erkennen, sondern auf Personen reagieren, die als attraktiv empfunden werden und somit als potenzielle Sexualpartner infrage kommen. Damit würden die „Großmutterzellen“ bei der Partnerwahl unterstützen.

Seite 86–87 (Im Blickpunkt Forschung: Bewusste Wahrnehmung durch synchrone Oszillationen)

1 Beschreiben Sie, was man unter dem Bindungsproblem versteht!

Das Bindungsproblem ist die Frage, wie das Gehirn die Aktivitäten von rund 86 Milliarden Neuronen, die in verschiedenen Hirnbereichen jeweils unterschiedliche Informationen verarbeiten, in Einklang bringt und zu einer einheitlichen Wahrnehmung vereint.

2 Erläutern Sie die Grundzüge der Theorie der synchronen Oszillationen mithilfe der Abbildungen 01 und 02!

Synchrone Oszillationen sind ein übereinstimmendes Aktivitätsmuster von mehreren Neuronen, die offenbar gemeinsam oder zeitgleich dieselbe Information verarbeiten. Der Theorie zufolge führt die Synchronisation der Neuronenaktivität dazu, dass verschiedene Aspekte eines Objekts schließlich als Gesamteindruck wahrgenommen werden.

Abbildung 01 zeigt die Durchführung und das Ergebnis eines Versuchs an Katzen, der die Theorie der synchronen Oszillationen untersuchen sollte. Der Katze wird ein sich in eine Richtung bewegender Lichtbalken auf einem Monitor gezeigt. Während dessen werden Ableitungen von Neuronen der linken und rechten Sehrinde durchgeführt. Die Neuronen zeigten dasselbe Muster an Aktionspotenzialen, sie waren synchron aktiv. Zwei Lichtbalken, die sich entgegengesetzt bewegten, führten dazu, dass die Neuronen unterschiedliche Aktivitätsmuster zeigten, sie waren nicht synchron aktiv.

Abbildung 02 stellt die Theorie der synchronen Oszillationen schematisch dar. Eine Person betrachtet eine junge Frau mit einer Katze. Alle Objekteigenschaften der Frau werden von funktionell zusammengehörenden Neuronen, den Assemblys, im visuellen Kortex verarbeitet. Der gemeinsame Rhythmus ihrer Aktivität verursacht den Eindruck der Merkmalszusammengehörigkeit. Die Objekteigenschaften der Katze werden von anderen Assemblys verarbeitet und durch synchrone Oszillationen zu einem Gesamteindruck zusammengeführt, sodass die Katze als Katze und die Frau als Frau erkannt werden.

2 Steuerung von Bewegung

Kontraktion von Muskeln

Seite 90–92

1 Erläutern Sie, wie ein Nervenimpuls die Kontraktion eines Sarkomers bewirkt!

Die Kontraktion des Sarkomers wird durch ein elektrisches Signal des Motoneurons an der motorischen Endplatte ausgelöst. Dort wird – wie bei anderen Synapsen – durch die Ausschüttung von Transmittern die Öffnung von Ionenkanälen in der postsynaptischen Membran ausgelöst, was zu einer Depolarisation der Membran führt, die wiederum ein Muskelaktionspotenzial an der Membran der Muskelfaser bewirkt. Dieses breitet sich über die T-Tubuli bis tief in die Muskelfaser aus und bewirkt die Öffnung von Kalziumionenkanälen in der Membran des Sarkoplasmatischen Retikulums. Dadurch strömen Kalziumionen aus dem Sarkoplasmatischen Retikulum. Durch Anlagerung von Kalziumionen an die Aktinfilamente werden Bindungsstellen freigelegt. Daran binden die Köpfe der Myosinfilamente und bilden Querbrücken. Die Myosinköpfe verändern ihre Lage und bewirken eine Verschiebung des Aktinfilaments. Die Proteinfilamente gleiten durch die Verschiebung aneinander vorbei und bewirken eine Verkürzung des gesamten Sarkomers. Durch die Verkürzung der Sarkomere kontrahiert der Muskel. Zusammengefasst kann man sagen: Durch den elektrischen Impuls des Motoneurons wird die Kalziumionenkonzentration im Sarkoplasma beeinflusst und der Querbrückenzyklus ausgelöst, der die Kontraktion bewirkt. Dieses Zusammenspiel nennt man elektromechanische Kopplung.

2 Erläutern Sie, wie das Nervensystem einen Skelettmuskel zu einer möglichst starken Kontraktion veranlassen kann!

Die Stärke der Kontraktion hängt von verschiedenen Faktoren ab. Einerseits wird die Kontraktionsstärke von der Anzahl an aktivierten motorischen Einheiten und die Größe der motorischen Einheit beeinflusst. Wird durch ein Motoneuron eine größere Anzahl von Muskelfasern innerviert, so kann ein einziger Impuls mehrere Muskelfasern aktivieren, und so kontrahieren in einem Muskel alle Muskelfasern, die von diesem Neuron innerviert werden. Die Verkürzung beziehungsweise die resultierende Muskelspannung ist größer.

Als zweiter Einflussfaktor ist die Signalfrequenz entscheidend. Eine hohe präsynaptische Aktionspotenzialfrequenz führt in der Muskelfaser zur Ausschüttung einer größeren Menge des Transmitters. Dies hat zur Folge, dass der Kalziumionenspiegel im Sarkoplasma hoch bleibt. Dadurch bewirkt eine rasche Frequenz von aufeinanderfolgenden Aktionspotenzialen eine Verschmelzung der durch die einzelnen Aktionspotenziale ausgelösten Einzelzuckungen zu einer dauerhaften Kontraktion, dem Tetanus. Dadurch erhöht sich die Spannung im Muskel.

Zusatzinformation: Die Anzahl der Muskelfasern, die von einem einzelnen Motoneuron aktiviert werden, nennt man Rekrutierung. Neben der Rekrutierung und der Signalfrequenz spielen weitere Faktoren bei der Stärke der Kontraktion eine Rolle. So besitzen Muskeln verschiedene Typen von Muskelfasern. Diese können entweder relativ langsam und ausdauernd kontrahieren. Sie werden dann als slow-twitch- beziehungsweise ST-Fasern bezeichnet. Da sie viele Mitochondrien enthalten und gut durchblutet sind, erscheinen diese Muskelfasern im mikroskopischen Bild dunkelrot. Andere Muskelfasern kontrahieren rasch und kräftig. Sie heißen fast-twitch-beziehungsweise FT-Fasern und ermüden schneller als die ST-Fasern. Sie erscheinen im mikroskopischen Bild heller als die ST-Fasern. Die Menge der verschiedenen Muskelfasertypen in Muskeln können von Mensch zu Mensch variieren und sind durch Training beeinflussbar.

Seite 93 (Material)

Material A – Maligne Hyperthermie

A1 Beschreiben Sie die dargestellten Messergebnisse bei Gesunden und erläutern Sie die zeitliche Abfolge!

Die Abbildungen zeigen Ableitungsergebnisse vom Motoneuron und von einer Muskelfaser. Die elektrischen Potenziale an der Axonmembran des Motoneurons und der Membran der Muskelfaser werden in Millivolt gemessen, die Kalziumionenkonzentration im Sarkoplasma wird von niedrig bis hoch angegeben, so auch die Muskelspannung.

Nervenaktionspotenzial und Muskelaktionspotenzial sowie die Erhöhung der Kalziumionenkonzentration und die nachfolgende Muskelspannung zeigen einen typischen zeitlichen Verlauf und folgen zeitlich versetzt aufeinander. Die Aktionspotenziale dauern viel kürzer an, als die Erhöhung der Kalziumionenkonzentration und die mechanische Kontraktion. Die Kontraktion des Muskels zeigt einen typischen Verlauf: Anstieg der Kraft beziehungsweise Spannung, Gipfel und Kraft-beziehungsweise Spannungsabfall.

Das zeitlich versetzte Aufeinanderfolgen der einzelnen Messergebnisse lässt sich mit der chemischen Übertragung des Signals an der Synapse und der Ausbreitung des Muskelaktionspotenzials bis in die Tiefen des Sarkoplasmas erklären, wo es dann erst die Ausschüttung der Kalziumionen bewirkt. Die Konzentration der Kalziumionen muss einen bestimmten Wert erreichen, sodass der Querbrückenzyklus beginnen und eine Kontraktion der Muskelfaser bewirken kann. Die abnehmende Konzentration der Kalziumionen ist durch die aktive Wiederaufnahme von Kalziumionen in das Sarkoplasmatische Retikulum zu erklären. Zeitlich verzögert endet die Kontraktion mit dem Rückgang der Kalziumionenkonzentration und dem Verbrauch von ATP.

A2 Erläutern Sie, welche Folgen die genetische Veränderung bei den Erkrankten für die Abläufe in den Muskeln hat!

Bei der Malignen Hyperthermie liegt eine genetisch bedingte Veränderung der Kalziumionenkanäle des Sarkoplasmatischen Retikulums vor. Das Narkotikum bewirkt einen unkontrollierten Kalziumioneneinstrom in die Muskelfaser. Dadurch kommt es zur Aktivierung des Querbrückenzyklus und zur Kontraktion der Sarkomere. Diese Kontraktionen bewirken eine starke Steigerung des Zellstoffwechsels, des Sauerstoffumsatzes und der Wärmeproduktion. Da die Kontraktion ein energieabhängiger Prozess ist und ATP benötigt wird, kommt es in Folge von ATP-Mangel zunächst zu anaeroben Stoffwechselprozessen, später zum Zelltod und Muskelzerfall durch Kohlenstoffdioxidanreicherung, Übersäuerung und Überwärmung des gesamten Körpers.

Material B – Behandlung der Muskelschwäche Myasthenia gravis

B1 Vergleichen Sie die neuromuskuläre Synapse eines Gesunden mit der eines Kranken!

Gemeinsamkeiten:

Die Präsynapse bei an Myasthenia gravis erkrankten Personen ist gegenüber gesunden Personen unverändert.

Unterschiede:

Bei Erkrankten ist die Anzahl der Acetylcholin-Rezeptoren an der postsynaptischen Membran im Vergleich zu Gesunden reduziert. Zudem sind die Einfaltungen der postsynaptischen Membran abgeflacht und verbreitert.

B2 Leiten Sie aus der veränderten Struktur der neuromuskulären Synapse Auswirkungen auf die Muskelkontraktion ab!

Die reduzierte Anzahl der Acetylcholin-Rezeptoren hat Auswirkungen auf die Weiterleitung von elektrischen Signalen und die Ausbildung des postsynaptischen Potenzials und damit auf die Muskelaktionspotenziale. Mit jedem ankommenden Aktionspotenzial wird eine bestimmte Menge an Transmittern ausgeschüttet und bewirkt an der Muskelzelle durch die Anlagerung an die Acetylcholin-Rezeptoren der Natriumionenkanäle deren Öffnung und den Einstrom von Natriumionen. Die Depolarisation der postsynaptischen Membran hat ein Muskelaktionspotenzial zur Folge. Ist die Anzahl der Acetylcholin-Rezeptoren reduziert und die Oberfläche der Membran insgesamt verringert, so bewirkt dieselbe

Menge an ausgeschüttetem Acetylcholin nicht genügend Natriumioneneinstrom, um ein Muskelaktionspotenzial auszulösen. Die Muskelfaser kontrahiert nicht. Da davon die ganze motorische Einheit betroffen ist, lässt die Muskelkraft im betroffenen Muskel nach.

B3 Begründen Sie, wie Medikamente, die den Acetylcholin-Esterase-Hemmstoff Neostigmin enthalten, Einfluss auf die Muskelkontraktion nehmen können!
Neostigmin hemmt das Enzym Acetylcholin-Esterase, das den Transmitter Acetylcholin spaltet und somit vom Membranrezeptor des Natriumionenkanals ablöst. Durch die Hemmung des Enzyms kommt es zu einem Anstieg der Konzentration von Acetylcholin im synaptischen Spalt. Die Depolarisation der postsynaptischen Membran der Muskelfaser dauert länger an oder hat eine höhere Amplitude, sodass ein Muskelaktionspotenzial und die Muskelkontraktion ausgelöst werden. Das Medikament bewirkt somit eine Verbesserung der Übertragung an der motorischen Endplatte und beseitigt oder reduziert für eine Zeit die Muskelschwäche.

Bewegungskontrolle durch das Rückenmark

Seite 94–96

1 Vergleichen Sie Eigenreflex und Fremdreflex!
Unterschiede:
Der Reflexweg besteht bei Eigenreflexen aus zwei Neuronen, die über eine Synapse miteinander verknüpft sind. Bei Fremdreflexen sind ein oder mehrere Interneuronen zwischengeschaltet. Eigenreflexe bewirken Reaktionen im selben Organ, in dem der Reiz registriert wird. Bei Fremdreflexen sind Reiz- und Reaktionsort in unterschiedlichen Organen verortet.

Gemeinsamkeiten:
Eigen- und Fremdreflexe haben gemeinsam, dass sie auf der Verschaltung von zwei oder wenigen Neuronen beruhen und eine vom Willen unabhängige, rasche Reaktion auf Reize bewirken. Bei Wirbeltieren liegt die Kontaktstelle im Rückenmark oder im Hirnstamm.

2 Ordnen Sie den Kniesehnenreflex begründet den Eigen- oder Fremdreflexen zu und diskutieren Sie die Bezeichnung „Kniesehnenreflex“!
Der Kniesehnenreflex ist ein typisches Beispiel für einen Eigenreflex. Die Reizregistrierung erfolgt in den Muskelspindeln des Beugers und bewirkt die Kontraktion desselben Muskels. Die Verschaltung erfolgt über zwei Neuronen, ein afferentes und ein efferentes Neuron, die über eine erregende Synapse im Rückenmark in Kontakt stehen. Die Bezeichnung Kniesehnenreflex ist zwar üblich, aber nicht korrekt. Der Reflex wird durch die Muskelspindel im Muskel und nicht von der Sehne ausgelöst.

3 Erklären Sie, welche Schlussfolgerung ein Arzt aus der Prüfung verschiedener Reflexe an Arm und Bein ziehen kann!
Der Arzt kann mit der Prüfung verschiedener Reflexe testen, ob eine Störung des Reflexwegs vorhanden ist und welches Segment des Rückenmarks möglicherweise betroffen ist. Damit ein Reflex normal ablaufen kann, müssen alle beteiligten Neuronen, die synaptische Übertragung und die Muskeln korrekt funktionieren. Fehlt ein Reflex oder ist er vermindert oder hyperaktiv, so können dies Hinweise auf eine Erkrankung sein.
Zusatzinformation: Der Arzt prüft vor allem, ob die Reflexe beidseitig gleich ausfallen. Wenn bei einem Test in der Schule kein Reflex auslösbar ist, so ist das kein Hinweis auf eine Erkrankung. Vielmehr kann die willkürliche Anspannung der Muskeln eine Ursache sein oder der Versuchsleiter trifft nicht korrekt auf die Kniesehne.

Seite 97 (Material)

Material A – Regulation der Muskellänge

A1 Beschreiben Sie anhand der Abbildung den Ablauf eines monosynaptischen Reflexes!
Zu einem monosynaptischen Reflexbogen oder Reflexweg gehören fünf Bereiche. Beim gezeigten monosynaptischen Muskeldehnungsreflex sind das:
1. Die Muskelspindeln des Oberarmbeugers, die mit sensiblen Nervenendigungen ausgestattet sind und als Dehnungsrezeptoren wirken, registrieren die Dehnung des Muskels durch das aufgelegte Gewicht. Die Muskelspindel reagiert auf Muskeldehnung mit Depolarisation der Rezeptormembran.
2. Sensible oder afferenten Axone, hier das sensorische Neuron, das vom Oberarmbeuger über das Hinterhorn in das Rückenmark eintritt, leitet die Information in Form von Impulsen zum Rückenmark.
3. Im Rückenmark tritt das afferente Neuron über erregende Synapsen mit dem motorischen Neuron des Oberarmbeugers in Kontakt.
4. Das efferente oder motorische Neuron, dessen Zellkörper im Vorderhorn des entsprechenden Rückenmarksegments liegt, leitet die Information in Form von Aktionspotenzialen an den Muskel.
5. Die Muskelfasern des Effektors, hier der Oberarmmuskels oder Bizeps, kontrahieren. Der Muskeldehnungsreflex ist ein Eigenreflex und heißt monosynaptisch, da nur zwei Neuronen, über eine Synapsenregion miteinander verbunden, beteiligt sind.

A2 Erklären Sie die Messergebnisse am sensorischen Neuron S und dem Motoneuron A nach der Dehnung durch das zusätzliche Gewicht!
Die zusätzliche Last auf der Hand bewirkt die Dehnung der Sehne und damit des Oberarmbeugers. Mit zunehmender Dehnung des Beugers steigt die Frequenz der

Aktionspotenziale – hier dargestellt als Strichfolge – der Muskelspindel an. Zu erklären ist das so, dass die Dehnung die Depolarisation der Membran der Muskelspindel mechanisch bewirkt. Dies hat die Auslösung der Aktionspotenziale im afferenten Axon zur Folge. Die Impulsfrequenz wird durch das afferente Axon zum Rückenmark geleitet. Das afferente Neuron ist über Synapsen mit dem Motoneuron des Beugers verknüpft. An den synaptischen Endigungen wird ein Transmitter ausgeschüttet, der an der postsynaptischen Membran des Motoneurons ein erregendes postsynaptisches Potenzial, das EPSP, bewirkt. Dadurch steigt zeitversetzt die Aktionspotenzialfrequenz im Motoneuron des Beugers über die Grundaktivität – den Tonus – an.

Zusatzinformation: Die hier dargestellte Regulation der Muskellänge ist insgesamt komplizierter. Über Gamma-Motoneuronen, die die Muskelspindeln innervieren, gibt das Gehirn die für die Bewegung passende Solllänge des Muskels vor. Die Gamma-Motoneuronen bewirken, dass sich die Enden der Muskelspindel kontrahieren, dadurch wird die Muskelspindel ebenfalls gedehnt und somit willentlich die Kontraktion des Muskels ausgelöst. Er spannt an und hält die vom Gehirn vorgegebene Spannung.

A3 Erläutern Sie die Messergebnisse am Motoneuron B mithilfe der Wirkung eines hemmenden Interneurons!

Durch das zusätzliche Gewicht wird die Muskelspindel des Beugers gedehnt, wie in Aufgabe A2 beschrieben. Die Informationen werden nicht nur über eine erregende Synapse zum Motoneuron des Beugers geleitetet und bewirken dort die Kontraktion des Beugers, sondern auch über eine Verzweigung zu einem hemmenden Interneuron. Die Aktivierung des hemmenden Interneurons führt an dessen Synapsenendknöpfchen zur Ausschüttung von hemmenden Transmittern, wie zum Beispiel GABA oder Glycin. Dadurch kommt es an der postsynaptischen Membran des Motoneurons des Oberarmstreckers, des Antagonisten, zur Öffnung von Chloridionenkanälen und so zum vermehrten Einstrom von Chloridionen und in der Folge zu einer Hyperpolarisation der postsynaptischen Membran, also einem IPSP. Das IPSP breitet sich passiv an der Membran des Zellkörpers des Motoneurons aus. Die Schwelle zur Auslösung von Aktionspotenzialen steigt am Axonhügel. Die am Axonhügel ausgelöste Impulsfrequenz des motorischen Axons nimmt ab oder fehlt ganz. Es wird keine oder eine abgeschwächte Information über das Motoneuron an den Strecker geleitet. Der Strecker bleibt entspannt. Dadurch kann die Kontraktion des Beugers zu einer verstärkten Spannung des Oberarms führen und der zusätzlichen Last eine Gegenkraft entgegensetzen.

Material B – Tetanus – Wundstarrkrampf

B1 Erklären Sie mithilfe der Abbildung die Wirkung des Tetanustoxins an einer hemmenden Synapse!

Tetanustoxin wird vom Ort der Verletzung durch das Neuron zum Zellkörper transportiert. Dort gelangt es auch in die Synapsenendknöpfchen von hemmenden Interneuronen. Kommen Aktionspotenziale am Endknöpfchen an, so wird durch den Einstrom von Kalziumionen das Verschmelzen der transmittergefüllten Vesikel mit der präsynaptischen Membran bewirkt. Daran sind Proteine beteiligt, die für die Entleerung der Vesikel eine wichtige Rolle spielen. Tetanustoxin inaktiviert diese Proteine, sodass eine Entleerung der Vesikel ausbleibt. Dadurch werden keine hemmenden Transmitter ausgeschüttet.

Zusatzinformation: Tetanus (griech. tetanos = Krampf) wird durch das Bakterium Clostridium tetani ausgelöst. Dieses Bakterium findet sich vor allem im Erdreich. Durch Wunden dringt es in den Körper ein und vermehrt sich dort unter anaeroben Bedingungen. Dabei sondert es das neurotoxische Protein Tetanosspasmin oder Tetanustoxin ab. Dieses wird durch Endozytose in die Motoneuronen aufgenommen und retrograd zu den Zellkörpern im Rückenmark transportiert. Dort wird es freigesetzt und verhindert die Transmitterfreisetzung an inhibitorischen Synapsen auf dem oben erläuterten Wege. Bereits eine geringe Dosis führt zu Spasmen. Der Verlauf der Erkrankung ist unbehandelt oder zu spät behandelt tödlich. Durch eine Impfung kann einer Infektion wirksam vorgebeugt werden. Diese muss etwa alle zehn Jahre aufgefrischt werden.

B2 Erklären Sie die gleichzeitige reflektorische Kontraktion von Streckern und Beugern bei Berührung eines an Tetanus Erkrankten!

Beim Wundstarrkrampf werden durch leichte Berührungen Reflexe ausgelöst. Da der Antagonist nicht gehemmt wird, kommt es zur gleichzeitigen Kontraktion von Beugern und Streckern, was sehr schmerzhaft ist und zu einer krampfartigen Streckung der Gelenke führt, den Spasmen. Die Gelenke können nun auch von außen kaum noch bewegt werden. Gezielte Bewegungen sind nicht mehr auszuführen, deshalb spricht man von spastischer Lähmung.

Bewegungskontrolle durch das Gehirn

Seite 98–100

1 Erklären Sie die Handbewegung des Kindes beim Greifen der Kugel im Vergleich zu dem Wurf des Basketballspielers!

Das Greifen der Kugel ist eine willentliche Bewegung genauso wie der Wurf des Basketballspielers. Sie wird vom Frontalhirn, dem Präfrontalkortex, in Zusammenarbeit mit dem Parietallappen motiviert und geplant. Dort findet sich deshalb erhöhte Neuronenaktivität bereits vor Beginn der Bewegung in beiden Gehirnhälften. Diese Gehirnareale sind mit dem primären Motorkortex verknüpft, der die Ausführung der Bewegung steuert. Für die Steuerung der rechten Hand ist der linke Motorkortex zuständig. Die Fingerbewegungen werden von Neuronen aus seitlich liegenden Arealen des Motorkortex ausgelöst. Über die dort entspringenden Pyramidenbahnen werden Motoneuronen in den Rückenmarkssegmenten aktiviert, die die Arm-, Hand- und Fingermuskulatur der rechten Seite steuern. Die Muskeln der Finger besitzen kleine motorische Einheiten, sodass eine Feinsteuerung möglich ist. So können die Kraft, mit der das Kind zugreift, und die Schnelligkeit gut dosiert werden.

2 Stellen Sie die an der Steuerung willkürlicher Bewegungen beteiligten Gehirnareale mit ihren Funktionen übersichtlich dar!

Darstellungsform Fließschema:

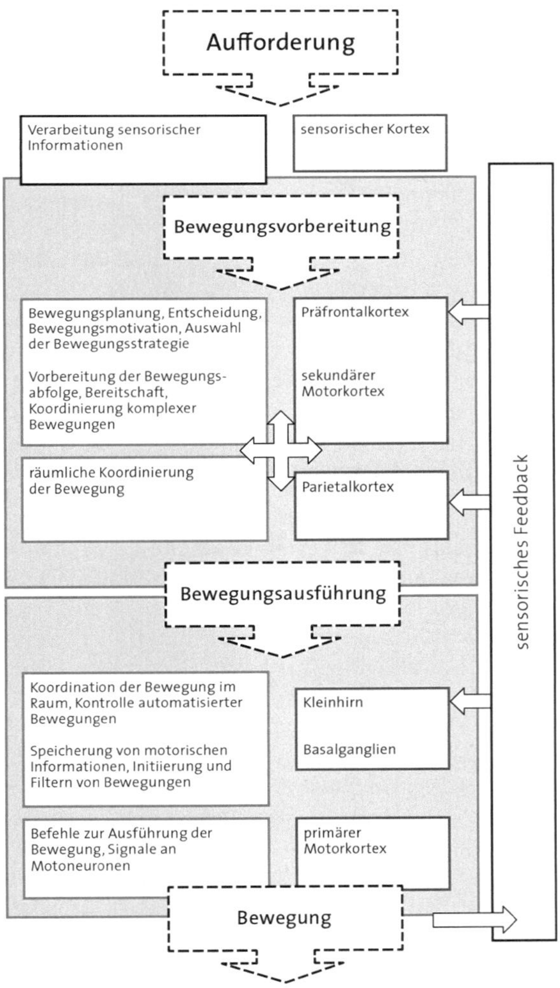

Darstellungsform Tabelle:

Gehirnareal	Funktionen
Präfrontalkortex	Bewegungsplanung, Entscheidung, Bewegungsmotivation, Auswahl der Bewegungsstrategie
Parietalkortex	räumliche Koordinierung der Bewegung
sekundärer Motorkortex	Vorbereitung der Bewegungsabfolge, Bereitschaft, Koordinierung komplexer Bewegungen
primärer Motorkortex	Befehle zur Ausführung der Bewegung, Signale an Motoneuronen
sensorischer Kortex	Verarbeitung sensorischer Informationen
Kleinhirn	Koordination der Bewegung im Raum, Kontrolle automatisierter Bewegungen
Basalganglien	Speicherung von motorischen Informationen, Initiierung und Filtern von Bewegungen

Zusatzinformation: Der häufig als sekundärer Motorkortex bezeichnete Bereich der Großhirnrinde ist komplexer aufgebaut und lässt sich in zwei funktionell unterschiedliche Bereiche unterteilen, nämlich das prämotorische Areal und das supplementärmotorische Areal. Diese Begriffe wurden hier aus didaktischen Gründen weggelassen.
BEAR vergleicht die Antizipation und Bereitschaft, eine Bewegung auszuführen, aber noch nicht umzusetzen, mit dem Sportler, der nach dem Kommando „Auf die Plätze" bei „fertig" auf „los" wartet. Bei Untersuchungen an Affen, die erst nach dem Aufleuchten eines Signals die gelernte Bewegung durchführen sollten, ließ sich erhöhte Aktivität vor allem der prämotorischen Areale verzeichnen. Bei Schädigungen des prämotorischen Kortex können die Patienten noch Fingerbewegungen ausführen, aber keine beidhändigen Bewegungen mehr koordinieren. Beim Ausfall des supplementären Motorkortex können sich die Patienten nicht mehr willentlich bewegen, obwohl automatische und reflektorische Bewegungen noch möglich sind.

Seite 101 (Material)

Material A – Verändert Üben das Gehirn?

A1 Vergleichen Sie die Aktivität des Kortex in den fMRT-Bildern von Berufs- und Hobbygeigern!

Die Abbildungen zeigen Aktivitätsveränderungen in Gehirnarealen, die während des Greifens einer Tonfolge von Profigeigern und Hobbygeigern im fMRT aufgezeichnet wurden. Rot dargestellt sind Bereiche mit Aktivitätssteigerungen (gemessen als Differenz der Durchblutung in diesem Bereich im Vergleich zu Ruhe), grüne Bereiche zeigen Aktivitätsverringerungen.
Gemeinsamkeiten:
Es fällt auf, dass bei beiden Gruppen die Aktivierung der Großhirnrinde nicht nur im Bereich des primären Motor-

kortex zu verzeichnen, sondern weit gestreut ist, und außerdem bei beiden Musikergruppen ähnliche Gehirnareale aktiviert werden. Man findet Aktivität besonders im Präfrontalkortex, im sekundären und primären Motorkortex und im Parietalkortex.

Unterschiede:

Ist die Fingerabfolge sehr gut geübt wie bei den Berufsgeigern, die viele Übungsstunden hinter sich haben, zeigen die fMRT-Bilder eine geringere Aktivität in vielen Gehirnregionen. Besonders die Bereiche der rechten Hemisphäre, die die linke Hand steuert, weisen bei Berufsgeigern weniger Aktivität auf als bei Hobbygeigern. Im Präfrontalkortex kommt es in größeren Bereichen zu einem Rückgang der Aktivität.

A2 Stellen Sie das Zusammenwirken verschiedener Gehirnareale am Beispiel des Geigenspiels dar!

Wenn der Geigenspieler aufgefordert wird, eine Melodie zu spielen, so hört er diese Anweisung mit dem Ohr (1). Sie wird in sensorischen Feldern (2) verarbeitet. Die Information wird parallel an den Präfrontalkortex (3) und den Patietalkortex (3) weitergeleitet. Dort wird die Bewegung ausgewählt, der Entschluss zur Bewegung gefasst und die beidhändige Koordination vorbereitet. Im sekundären Motorkortex (4) entsteht ein Entwurf der Bewegung, eine genaue Vorstellung, wo die Finger auf die Saiten für die ersten Töne aufgesetzt werden oder wie der Bogen gehalten und angesetzt wird. Damit ist die Bewegungsvorbereitung abgeschlossen. Auf ein Startsignal, zum Beispiel den Schlag des Taktstocks, wird die Bewegung ausgelöst. Der sekundäre Motorkortex hat Verknüpfungen zum primären Motorkortex (5). Dort werden die entsprechenden Areale aktiviert, die dann die Bewegungsbefehle von den Pyramidenbahnen zum Rückenmark leiten und über Interneuronen oder im direkten Kontakt mit den Motoneuronen die notwendigen Muskelfasern zur Kontraktion veranlasst. Der Geiger führt die Bewegung aus. Gleichzeitig nutzt der Geiger das sensorische Feedback, um nötige Korrekturen der Bewegung durchzuführen, indem er den entstehenden Tönen lauscht und den Druck spürt, mit dem der Bogen auf den Saiten aufliegt. Laufend werden diese sensorischen Informationen aufgenommen, verarbeitet und zu den Rindenfeldern des Präfrontalkortex, Parietalkortex und Motorkortex geleitet.

Die Prinzipien der Zusammenarbeit lassen sich als Arbeitsteilung, Parallelverarbeitung, Verknüpfung und Hierarchie charakterisieren.

A3 Erläutern Sie die Untersuchungsergebnisse im Hinblick auf die Wirkung von häufigem Üben auf das Gehirn!

Bei gut geübten Bewegungsabfolgen nimmt die Aktivierung der Großhirnrinde in vielen Bereichen ab. Auch beim Berufsgeiger sind Teile des sekundären Motorkortex zur Vorbereitung der Ausführung der komplexen Bewegung aktiv. Die Aktivität im Präfrontalkortex nimmt dagegen ab; die Bewegungen sind automatisiert, der Geiger muss die Abläufe nicht mehr bewusst verfolgen, sondern kann sich zum Beispiel auf die Kontrolle der Ausführung, die Melodie und die Stimmung des Musikstücks konzentrieren.

Die Untersuchungen lassen sich so deuten, dass Übungen und häufiges Training, wie es bei den Berufsgeigern der Fall ist, Veränderungen in der Gehirnaktivität zur Folge haben. Dabei kommt es vor allem zu einer Reduktion der Gehirnaktivität. Dies ist ein Beispiel für die neuronale Plastizität des Gehirns, denn in den Untersuchungen wurde nachgewiesen, dass in Abhängigkeit von der Nutzung des Gehirns sich Aktivitäten von Hirnarealen verändern. Außerdem kann die Reduzierung von Aktivität so gedeutet werden, dass Übung zu einer größeren Effizienz der Steuerung von Bewegungen führt – die Bewegungssteuerung wird automatisiert. Gehirnareale, in diesem Beispiel vor allem der Präfrontalkortex, können nun für die Überwachung anderer Aufgaben genutzt werden.

Zusatzinformationen zur Interpretation der Abbildungen: Die Aktivierung von Kortexarealen kann sowohl eine Steigerung erregender Impulse als auch eine Steigerung hemmender Impulse bedeuten. Heute weiß man, dass die Hemmung zum Beispiel der Mitbewegung der kontralateralen Hand, wie es Kinder machen, ganz entscheidend bei zielgerichteten Bewegungen ist.

Nicht sichtbar sind die strukturellen und physiologischen Veränderungen: Durch stärkere Vernetzung und stabilere synaptische Verknüpfungen (vgl. Kapitel Langzeitpotenzierung) und z.T. auch durch Vergrößerung und Verdickung der Areale des primären Motorkortex kommt es zu einer rascheren und effektiveren Verarbeitung der Informationen.

Material B – Motorischer Kortex in Aktion

B1 Ordnen Sie die aktivierten Motorkortexareale den durchgeführten Bewegungen zu und begründen Sie Ihre Zuordnung! Nehmen Sie die Abbildung 03 auf Seite 15 zu Hilfe!

Die auf eine Flatmap projizierten fMRT-Bilder zeigen den Kortex in Aufsicht. In der linken Hemisphäre zeigen sich bei drei verschiedenen Bewegungen Aktivitätssteigerungen in drei verschiedenen Abschnitten des primären Motorkortex. Eine Aktivitätsveränderung ist im seitlich gelegenen Abschnitt des Motorkortex der rechten Hemisphäre zu erkennen. Vergleicht man die in der Flatmap sichtbaren Areale mit dem Homunkulus, so kann man folgende Zuordnungen vornehmen: Die Auf- und Abbewegung des Fußes lässt sich der scheitelnahen Aktivitätssteigerung zuordnen. Beim Spitzen der Lippen lassen sich Aktivitätsveränderungen seitlich in beiden Hemisphären verzeichnen. Das Klopfen mit dem rechten Zeigefinger ist mit einer linksseitigen Aktivierung zwischen den beiden anderen Aktivitätssteigerungen verbunden.

B2 Erläutern Sie die Funktion des primären Motorkortex an den gezeigten Beispielen!
Die motorischen Areale des primären Motorkortex treten über die Pyramidenbahnen mit den motorischen Neuronen des Rückenmarks in Kontakt, die die entsprechenden Skelettmuskeln innervieren und sie zur Kontraktion veranlassen. Der primäre Motorkortex gibt die motorischen Befehle zur Ausführung von Bewegungen an die entsprechenden Rückenmarksegmente weiter. Da die Pyramidenbahnen sich im verlängerten Mark überkreuzen, werden Finger- und Fußbewegungen der rechten Körperseite von motorischen Arealen der linken Hemisphäre gesteuert. Bei der Bewegung der Zunge und Lippen werden die motorischen Kortexareale in beiden Hemisphären aktiv.

B3 Diskutieren Sie mögliche Bedeutungen der gewonnenen Untersuchungsergebnisse für Medizin und Forschung!
Wissenschaftliche Bedeutung:
Mithilfe der bildgebenden Verfahren lassen sich parallel zu bestimmten Bewegungen Aktivitätsveränderungen im Gehirn aufzeichnen. Die fMRT-Untersuchungen können somit Vermutungen überprüfen, die aufgrund der Vorhersagen der Kartierung der Gehirnareale – dem motorischen Homunkulus – gemacht werden können.
Zusatzinformation: Die nicht invasiven bildgebenden Verfahren bieten den Vorteil, dass sie an vielen gesunden Versuchspersonen durchgeführt werden können. Sie nutzen allerdings ein indirektes Maß (Durchblutungssteigerung oder -reduktion als Differenzwerte im Vergleich mit einem Standard) sowie Mittelwerte mehrerer Probanden – Dadurch sind Interpretationsspielräume und -notwendigkeiten zu beachten. Diese beziehen sich insbesondere auf Ursache-Folge-Zuordnungen. Die Durchblutungssteigerung sagt außerdem nichts direkt über die Neuronenaktivität aus, sondern muss vor dem Hintergrund plausibler Theorien gedeutet werden. Außerdem müssen die Grenzen der Untersuchungsbedingungen in der engen Röhre besonders bei der Untersuchung von Bewegungen beachtet werden.
Medizinische Bedeutung:
Untersuchungen der Funktion von Rindenfeldern können zum Beispiel dabei helfen, bei Operationen die Gefahren von Schädigungen wichtiger Areale der Bewegungssteuerung vorweg abzuschätzen und zu minimieren.
Zusatzinformation: In der Therapie kann das Wissen über die Lage der Areale genutzt werden, um durch gezielte Elektro- und Magnetfeldstimulation von außen bestimmte Regionen zu aktivieren und so zum Beispiel bei der Behandlung von Schlaganfallpatienten oder Parkinson-Patienten Bewegungslernen und Bewegungsaktivierung zu unterstützen.

Verlust der Bewegungsfähigkeit

Seite 102–104

1 Erläutern Sie die Folgen des Dopaminmangels bei Parkinson-Erkrankten mithilfe der Abbildung 02!
Das Dopamin entfaltet seine Wirkung in einem Bereich der Basalganglien, dem Striatum. Dort bewirkt es eine Aktivierung des Striatums, indem es an spezifische Membranrezeptoren bindet. Das Striatum ist ein Teil einer Regulationsschleife, die das Starten von willkürlichen Bewegungen beeinflusst und moduliert. Ist das Striatum aktiviert, so fördert es indirekt über das Pallidum die Aktivität des Thalamus, indem das Pallidum gehemmt wird und dadurch die Hemmung des Thalamus reduziert wird. Der Thalamus wiederum übt förderlichen Einfluss auf den Motorkortex aus. Dadurch werden geplante Bewegungen dann auch tatsächlich initiiert. Fehlt Dopamin, so ist das Striatum weniger aktiv, die Hemmung des Thalamus durch die Basalganglien ist verstärkt, förderliche Impulse zur Bewegungsausführung unterbleiben. Es entsteht die auffällige Bewegungsarmut der Patienten.

2 Recherchieren Sie Ursachen und Behandlungsmöglichkeiten zu einer der folgenden neurodegenerativen Erkrankungen, die zu Bewegungsbeeinträchtigungen führen: Amyotrophe Lateralsklerose, kurz ALS, Multiple Sklerose, kurz MS, oder Chorea Huntington!
Kurze Übersicht über mögliche Ergebnisse der Recherche (die Symptome sind nicht in der Aufgabenstellung gefordert): siehe Tabelle auf der nächsten Seite.

	Krankheitssymptome	Ursachen	Behandlung
ALS	Muskelschwäche/-lähmung, Abbau der Muskulatur. Bei Fortschreiten der Erkrankung kommen Atem- Sprech- und Schluckstörungen hinzu.	Degeneration von Motoneuronen; Ursache des Abbaus: unklar. Anlagerungen und Fehlfaltungen von Proteinen werden diskutiert.	bislang nicht heilbar
MS	Missempfindungen, Doppelbilder; Lähmungserscheinungen; schubförmiger Verlauf	Chronische Entzündungen, die die Myelinscheiden des ZNS angreifen und abbauen. Verschiedene Ursachen werden diskutiert.	bislang nicht heilbar; Symptomatische Therapien; Immunmodulation und -depression
Chorea Huntington	Überschießende Bewegungen bei geringem Muskeltonus. Grimassieren; später Bewegungsarmut.	Genetisch bedingte Degeneration von Neuronen (Mutation auf Chromosom 4; Triplettwiederholungen)	bislang nicht heilbar

Seite 105 (Material)

Material A – Medikamentöse Behandlung der Parkinson-Krankheit

A1 Erläutern Sie die Wirkung von Dopamin an einer dopaminergen Synapse auf die Erregungsweiterleitung im Striatum!

Dopamin ist ein Transmitter, der von Neuronen der Substantia nigra an den Synapsen ausgeschüttet wird und Einflüsse unter anderem auf das Striatum ausübt, dessen Neuronen Rezeptoren für Dopamin besitzen. Kommen Aktionspotenziale am Endknöpfchen der Synapse an, so wird Dopamin freigesetzt. Dopamin diffundiert durch den synaptischen Spalt und lagert sich an Dopamin-Rezeptoren der postsynaptischen Membran an. Das führt zur Öffnung von Ionenkanälen. Die Nervenzellen des Striatums werden depolarisiert. Das Dopamin hat eine erregende Wirkung und fördert die Aktivität des Striatums. *Zusatzinformation: Es gibt verschiedene Membranrezeptoren für Dopamin im Striatum, die unterschiedliche Wirkung entfalten.*

A2 Erläutern Sie Wirkungsort und Wirkungsprinzip der verschiedenen Parkinson-Medikamente an einer dopaminergen Synapse!

Punkt 1: Zufuhr der Vorstufe L-Dopa, wirkt präsynaptisch. Ist mehr dieser Vorstufe vorhanden, so wird auch mehr Dopamin gebildet. Die verbleibenden dopaminergen Neuronen der Substantia nigra geben somit mehr Dopamin ab, sodass die Menge des Dopamins im Striatum erhöht wird.

Punkt 2: Zufuhr von MAO-Hemmern, wirken präsynaptisch. Erhöhung der Menge von Dopamin im Striatum durch Verminderung des Abbaus von Dopamin. Das Enzym Monoaminoxidase, kurz MAO, baut Dopamin, das aus dem synaptischen Spalt wieder aufgenommen wird, in der Präsynapse ab. Wird die MAO gehemmt, wird weniger Dopamin abgebaut und mehr Dopamin erneut in den synaptischen Spalt abgegeben, sodass die Menge des Dopamins im Striatum erhöht wird.

Beide Maßnahmen erhöhen die Menge des noch vorhandenen Dopamins. Dopamin kann an Rezeptoren der postsynaptischen Membran binden und bewirkt dort eine Öffnung von Ionenkanälen, was zu einer postsynaptischen Erregung von Neuronen des Striatums führt.

Punkt 3: Der Dopamin-Agonist bindet an Dopamin-Rezeptoren der postsynaptischen Membran. Dopamin-Agonisten sind Medikamente, die die Wirkung von Dopamin nachahmen. Sie sind somit ein Ersatz für das Dopamin, das durch die Degeneration der Neuronen in der Substantia nigra fehlt.

A3 Stellen Sie Vermutungen über das Nachlassen der Wirkung von L-Dopa nach einigen Behandlungsjahren an!

Dopamin wird von Neuronen in der Substantia nigra gebildet und an den Synapsen abgegeben. Je mehr Neuronen der Substantia nigra absterben, desto weniger Dopamin kann trotz Vorliegen der Vorstufe gebildet werden. Dadurch reduziert sich die Wirkung von L-Dopa. Alternativ kann es auch zu einer Reduktion der Wirkung von Dopamin an der postsynaptischen Membran durch Reduktion der Membranrezeptoren kommen.

Material B – Können Nervenzellen im ZNS regenerieren?

B1 Beschreiben Sie, wie Proteinbestandteile der Myelinschicht die Regeneration von Neuronen im ZNS unterbinden!

In der Membran der Gliazellen, die die Myelinscheide von myelinisierten Axonen bilden, sind verschiedene Proteine wie das Nogo-A-, das MAG- und das Omgp-Protein enthalten. Das Nogo-A-Protein bindet an den Nogo-A-Rezeptor in der Axonmembran. Dadurch wird eine Signalkaskade im Axon ausgelöst, die über die Aktivierung des Enzyms Rho und des Enzyms ROCK die

Mikrotubuli destabilisieren und das Zellwachstum blockieren. Ohne die Bildung von Mikrotubuli können Transportvorgänge im Axon nicht erfolgen, die Axone können nicht wachsen. Die Wachstumshemmung geht also von Proteinen des Myelins aus.
Zusatzinformation: Es sind noch weitere Membranproteine an dem Prozess beteiligt, die hier zur vereinfachten Darstellung der Prinzipien weggelassen wurden.

B2 Erklären Sie die Wirkung der Nogo-A-Antikörper auf die Regenerationsfähigkeit der Axone im ZNS!
Werden Ratten mit Rückenmarksverletzung mit Nogo-A-Antikörpern behandelt, so wachsen die Axone. Die von den Wissenschaftlern eingesetzten Antikörper können an die Nogo-A-Rezeptoren binden. Dadurch kann das Nogo-A-Protein, das das Axonwachstum hemmt, nicht mehr an den Nogo-A-Rezeptor in der Axonmembran binden. Dadurch verändern sich die Prozesse in der Zelle: Mikrotubuli werden gebildet, Axone wachsen. Somit können Ratten, die unter einer Rückenmarksverletzung mit Lähmung der Vorderextremitäten litten, wieder greifen.
Zusatzinformation: Dazu war zusätzlich ein Bewegungstraining nötig.

Seite 106–107 (Klausurtrainer)

Training A – Nachtaktive Säugetiere

a Fassen Sie die visuellen Angepasstheiten nachtaktiver Tiere zusammen!
Nachtaktive Tiere wie der Mausmaki oder die Katze haben im Vergleich zu tagaktiven Tieren eine hohe Stäbchendichte. Tagaktive Tiere wie das Schwein oder das Streifenhörnchen besitzen dagegen einen hohen Anteil an Zapfen. Zudem besitzen nachtaktive Tiere eine höhere Anzahl an Fotorezeptorzellschichten als tagaktive Tiere. Weitere visuelle Angepasstheiten nachtaktiver Tiere sind die viel größeren Augen im Vergleich zu den Augen der tagaktiven Tiere. Außerdem können sich ihre Pupillen im Dämmerlicht sehr weit öffnen. Viele nachtaktive Tiere weisen hinter der Retina das Tapetum lucidum auf, eine zusätzliche spezielle Schicht, die die Lichtstrahlen reflektiert, sodass sie die Retina ein zweites Mal passieren können. Die Zellkerne von nachtaktiven und tagaktiven Tieren unterscheiden sich grundlegend in der Anordnung des Chromatins.

b Erläutern Sie den Lichtweg durch die Stäbchenkernschicht nachtaktiver Tiere im Vergleich zu tagaktiven Tieren!
Bei allen Wirbeltieren muss das Licht erst die Retina durchdringen, bevor es auf die lichtempfindlichen Außensegmente der Fotorezeptoren trifft. Nachtaktive Tiere haben besonders viele Stäbchen zur Detektion des schwachen Lichts in der Dämmerung, wodurch ihre Retina dicker wird und mehr Licht durch Streuung verloren geht, bevor es die Außensegmente der Fotorezeptoren erreicht. Da das Chromatin in den Stäbchenzellkernen bei nachtaktiven Tieren anders angeordnet ist als bei tagaktiven Tieren, werden die einfallenden Lichtstrahlen anders gebrochen. Das an sich wenig intensive Licht wird so – das zeigen die Computersimulationen– fast ohne Streuverluste gebündelt und durch die Retina geleitet, es trifft fokussierter auf die lichtempfindlichen Außensegmente der Fotorezeptoren.

c Begründen Sie, inwiefern die anatomischen Angepasstheiten eine Lebensweise in der Dunkelheit begünstigen!
Nachtaktive Tiere haben häufig große Augen. So gelangt besonders viel Licht zur Netzhaut. Hinter der Netzhaut liegt das Tapetum lucidum. Diese reflektierende Schicht wirft das Licht, das die Netzhaut passiert hat, noch einmal zurück, sodass auch noch geringste Lichtintensitäten wahrgenommen werden können. Nachtaktive Tiere haben in ihrer Netzhaut viel mehr Stäbchen als tagaktive Tiere, aber weniger Zapfen. Es stehen also mehr Fotorezeptoren zur Verfügung, die auch durch geringe Lichtintensitäten gereizt werden, sodass das geringe Dämmerungslicht optimal ausgenutzt werden kann. Die inverse Verteilung des Chromatins führt dazu, dass auch bei dickeren Stäbchenkernschichten die Streuverluste gering gehalten werden und der Lichteinfall auf die Außensegmente der Fotorezeptoren gebündelt wird. Nachtaktive Tiere können am Tag zwar weniger Farben sehen, dafür aber auch noch bei geringen Lichtintensitäten Objekte wahrnehmen. So ist es ihnen möglich, in der Dämmerung zum Beispiel zu jagen.

Training B – Verzögerte Reaktion

a Stellen Sie anhand der Informationsverarbeitungsphasen die neurobiologischen Ursachen einer Reaktionsverzögerung dar!
Die Tabelle zeigt die Dauer der verschiedenen Phasen der Informationsverarbeitung eines Reizes bis zur Reaktion in Millisekunden. Bereits bei der Transduktion, der Umwandlung des Reizes in Erregung an den Rezeptoren, kommt es zu einer zeitlichen Verzögerung. Treffen Photonen auf ein Stäbchen in der Netzhaut, so lösen sie dort durch die Anregung von Rhodopsin verschiedene chemische Reaktionen aus, die letztlich zum Schließen von Natriumionenkanälen führen. Dadurch kommt es zu einer Hyperpolarisation der Stäbchenmembran. Diese Hyperpolarisation hat in den nachgeschalteten Neuronen der Netzhaut eine Erregung zur Folge, die dann über afferente Fasern zum Gehirn geleitet wird. Die Umwandlung des Lichtreizes in einen Nervenimpuls dauert 10 bis 50 Millisekunden. Auch die Weiterleitung von Aktionspotenzialen über längere Strecken in den Axonen der afferenten und efferenten Neuronen braucht Zeit. Dabei lassen sich Unterschiede durch die Länge der Strecke, den Durchmesser der

Axone und vor allem den Myelinisierungsgrad erklären. Verzögerungen der Reaktion durch die Informationsverarbeitung im Gehirn sind vor allem auf die Beteiligung verschiedener Interneuronen und Nervennetze in verschiedenen Gehirnarealen zurückzuführen. Auch die synaptische Übertragung an der motorischen Endplatte hat eine zeitliche Komponente: Die Ausschüttung der Transmitter und deren Diffusion durch den synaptischen Spalt dauern einige Millisekunden.

b Erläutern Sie die Abläufe bei der Übertragung der Erregung auf eine Muskelfaser und erklären Sie die Ursachen der verzögerten Kontraktion!

Wird an der neuromuskulären Synapse durch ein Wird an der neuromuskulären Synapse durch ein Aktionspotenzial ein postsynaptisches Potenzial ausgelöst, so kommt es sehr rasch an der Muskelzellmembran zu einem Muskelaktionspotenzial. Dieses wird entlang der Zellmembran und der Einfaltungen, die T-Tubuli, in die Muskelfaserzelle geleitet. Dort löst das Aktionspotenzial die Ausschüttung von Kalziumionen aus dem Sarkoplasmatischen Retikulum in das Zytoplasma aus. Die Konzentrationserhöhung von Kalziumionen hat die Kontraktion der Sarkomere zur Folge. Zeitliche Verzögerungen der Ausschüttung der Kalziumionen lassen sich mit dem Ausbreiten des Muskelaktionspotenzials über die Muskelfasermembran erklären. Die Diffusion der Kalziumionen und die Bindung an Myosin sowie die Freilegung der Bindungsstellen der Aktinköpfchen sind ebenfalls Prozesse, die Zeit in Anspruch nehmen.

c Ermitteln Sie die durchschnittlichen Reaktionszeiten der sechs Versuchspersonen und erörtern Sie die Daten in Bezug auf mögliches Lernverhalten und die Reaktionszeit von Mädchen und Jungen!

Versuchsperson	durchschnittliche Fallstrecke	durchschnittliche Reaktionszeit
1 (männlich)	19,2 cm	200 ms
2 (weiblich)	18,2 cm	190 ms
3 (männlich)	16,2 cm	180 ms
4 (weiblich)	18,0 cm	190 ms
5 (männlich)	12,0 cm	160 ms
6 (weiblich)	13,3 cm	170 ms

Die mittlere Fallstrecke aller Versuchspersonen beträgt etwa 16 Zentimeter. Die mittlere Reaktionszeit der sechs Versuchspersonen beträgt ungefähr 180 Millisekunden. Das Versuchsergebnis lässt sich mit der Dauer der Informationsverarbeitungsphasen erklären.
Vergleicht man die Anfangsleistung mit der Halbzeitleistung der sechs Versuchspersonen, so lässt sich bei drei Personen eine deutliche Verbesserung und bei zwei Personen eine leichte Verschlechterung feststellen. Bei einer Person blieben die Daten ungefähr gleich. Vergleicht man Anfangs- und Endleistung, so ergibt sich ein ähnliches Bild: dreimalige Verbesserung, dreimalige Verschlechterung. Durchschnittlich werden die Versuchspersonen nach zehn Versuchen etwas schneller, die durchschnittliche Reaktionszeit lag aber beim letzten Versuch wieder unter diesem Wert. Es ist nicht auszuschließen, dass Lernprozesse eine Rolle bei diesem Versuch spielen. Sie führen jedoch nur zu einer kurzzeitigen Veränderung der Reaktionszeit.
Vergleicht man die durchschnittlichen Reaktionszeit der drei Mädchen mit der der drei Jungen, so ergibt sich kein relevanter Unterschied: Mädchen 183 Millisekunden, Jungen 180 Millisekunden.
Beide Ergebnisse deuten auf anatomische und physiologische Grenzen der Reaktionszeitverbesserung hin.

d Führen Sie den Versuch durch und bewerten Sie die Aussagekraft dieses Reaktionstests!

individuelle Daten

Der Reaktionstest mit Lineal ist einfach durchzuführen. Er ist jedoch nicht zuverlässig. Führen verschiedene Versuchspersonen und Versuchsleiter den Versuch durch, so kann man beobachten, dass zum Beispiel das Lineal unterschiedlich gehalten wird; dass die Versuchsleiter manchmal kleine akustische Hinweise geben; dass die Versuchspersonen versuchen, bereits zuzugreifen, bevor das Lineal fällt; dass die auffangende Hand nicht immer dieselbe Position hat; dass das Ablesen der Messwerte auf dem Lineal unterschiedlich genau erfolgt. Die Bestimmung von Reaktionszeiten ist nicht zuverlässig und nicht unabhängig von den Versuchsleitern. Außerdem lassen sich die vorliegenden Daten nicht zuverlässig interpretieren, da die Anzahl der Versuchspersonen oft viel zu gering ist.
Zudem ist bei diesem Versuch nicht klar, welcher Anteil der Verzögerung der Reaktionszeit auf welche Phasen zurückzuführen ist. Aufmerksamkeit und Ablenkung, Beobachten und Lernen der Signale, die auf ein Fallenlassen des Lineals hindeuten, aber auch Ausprobieren und Neugier, Kreativität, Wettbewerb zwischen den Versuchspersonen, wenn der Test in einer Gruppe durchgeführt werden, Schummeln usw. verändern und verfälschen das Ergebnis und die Aussagekraft.
Zusatzinformation: An diesem Beispiel lassen sich die Gütekriterien für eine Messung verdeutlichen. Eine gute, aussagekräftige und zuverlässige Erhebung von Daten setzt voraus, dass ein Test valide, reliabel und objektiv ist. Valide bedeutet Genauigkeit: Der Test misst, was er zu messen vorgibt. Hier muss also überlegt werden, ob das Messverfahren geeignet ist, die Reaktionszeit tatsächlich zu messen, und Aussagen über die Zeit der Informationsverarbeitung zulässt. Reliabel bedeutet Zuverlässigkeit: Der Test ist zuverlässig, wenn zum Beispiel die Messdaten immer unter genau denselben Bedingungen erhoben werden und bei gleichen Veränderungen dasselbe Messergebnis entsteht. Objektiv bedeutet Unabhängigkeit vom Beobachter: Der Test

misst auch dann dasselbe Ergebnis, wenn er zum Beispiel von verschiedenen Versuchsleitern durchgeführt wird. Dazu muss gewährleistet sein, dass die Bedingungen, unter denen der Versuch durchgeführt wird, stabil und vergleichbar sind.

3 Interaktion von Hormon- und Nervensystem

Hormone regeln Lebensfunktionen

Seite 108–110

1 Recherchieren Sie die Funktion des Thymus und der Epiphyse!
Der Thymus ist als lymphatisches Organ Teil des Immunsystems. In ihm findet die Entwicklung und Differenzierung der T-Lymphozyten statt. Die Epithelzellen des Thymus sezernieren mehrere unter dem Oberbegriff Thymusfaktoren zusammengefasste Peptidhormone. Dazu gehören zum Beispiel Thymosin und Thymopoetin, welche die Reifung der T-Lymphozyten und den Aufbau von Lymphgewebe bewirken und an der Immunsuppression beteiligt sind.
Die Epiphyse oder Zirbeldrüse produziert die Hormone Melatonin und Noradrenalin und gibt sie in die Blutbahn ab. Die Freisetzung von Melatonin wird durch Lichtmangel stimuliert, während Lichteinfluss die endokrine Aktivität der Epiphyse hemmt. So beeinflusst die Epiphyse den Tages- und Jahresrhythmus des Verhaltens. Dazu gehören beispielsweise der Schlaf-Wach-Rhythmus, die Bewegungsaktivität, die Nahrungsaufnahme und die Thermoregulation.

2 Erklären Sie die besondere Bedeutung der Hypophyse!
Die Hypophyse ist die Schnittstelle zwischen dem Nerven- und dem Hormonsystem. Sie ist funktionell und anatomisch mit einem Teil des Gehirns, dem Hypothalamus, verbunden und fungiert gleichzeitig als übergeordnete Hormondrüse. Dadurch stellt sie die Kontroll- und Regulationsinstanz für viele Regelkreise dar.

Seite 111 (Material)

Material A – Glukosetoleranztest

A1 Beschreiben Sie, wie der Test durchgeführt wird!
Nach zehnstündiger Nahrungsabstinenz wird einem Patienten Blut abgenommen und der Blutglukosegehalt im nüchternen Zustand bestimmt. Anschließend trinkt der Patient eine festgelegte Menge Glukose, die in Wasser gelöst ist. Nach zwei Stunden wird erneut der Blutglukosewert bestimmt.

A2 Deuten Sie die Kurvenverläufe und ordnen Sie die Kurven einer gesunden Person und einem Diabetiker zu!
Die untere, blaue Kurve gehört zu einer Person, deren Glukosestoffwechsel intakt ist. Dies erkennt man bereits am Nüchternwert, der bei ungefähr 90 Milligramm Glukose pro Deziliter Blut liegt. Nach der Glukoseaufnahme steigt zeitversetzt durch die verzögerte Resorption der Blutglukosespiegel nach einer knappen Stunde auf einen Maximalwert von ungefähr 130 Milligramm pro Deziliter an. Nach gut zwei Stunden wird bereits wieder der Ausgangswert erreicht, weil durch Insulinsekretion über die Bauchspeicheldrüse der Blutglukosespiegel gesenkt wurde.
Die obere, rote Kurve beginnt bereits bei einem Nüchternwert von reichlich 130 Milligramm pro Deziliter und steigt auf ein Maximum von über 200 Milligramm pro Deziliter an. Dieser nach zwei Stunden noch immer vorherrschende Wert ist neben dem erhöhten Ausgangswert ein deutliches Zeichen für eine gestörte Blutglukoseregulation. Dass erst nach fünf Stunden der Ausgangswert wieder annähernd erreicht wird, zeigt, dass zu wenig Insulin produziert wird.

Material B – Blutglukoseregulation

B1 Werten Sie die Ergebnisse der Glukose- und Insulinkonzentration im Blut nach oraler Aufnahme von Glukose aus!
Nach der Einnahme von 50 Gramm Glukose steigt der Blutglukosespiegel innerhalb von 45 Minuten von 4,7 Millimol pro Liter auf 7,5 Millimol pro Liter an. Etwas zeitverzögert nimmt auch die Insulinkonzentration im Blut zu und erreicht nach einer Stunde den Maximalwert. Die zeitliche Verzögerung ist damit zu erklären, dass die Glukose zunächst resorbiert werden muss, dann wird über Rezeptoren der erhöhte Blutglukosegehalt registriert und an das Gehirn gemeldet, bevor die ß-Zellen der Langerhans'schen Inseln der Bauchspeicheldrüse stimuliert werden, Insulin freizusetzen. Durch das freigesetzte Insulin wird die Glukose vermehrt aus dem Blut beispielsweise in Muskel- und Leberzellen transportiert, sodass der Blutglukosespiegel sinkt. Mit dem sinkenden Blutglukosespiegel geht auch ein Absinken der Insulinkonzentration einher, weil bei einem geringeren Blutglukosewert die Insulinproduktion in der Bauchspeicheldrüse verringert wird.

B2 Erklären Sie den Verlauf der Glukagonkonzentration nach Glukoseaufnahme und während der Fastenzeit!
Glukagon ist der Antagonist zu Insulin, bewirkt also eine Erhöhung des Blutglukosespiegels durch Stimulierung des Abbaus von Glykogen zu Glukose. Wenn die Rezeptoren einen erhöhten Blutglukosespiegel melden, wird die Glukagonproduktion in den α-Zellen der Langerhans'schen Inseln der Bauchspeicheldrüse vermindert. Daher sinkt die Glukagonkonzentration im Blut nach der Aufnahme von Glukose stark ab und steigt erst wieder mit dem allmählichen Rückgang der Blutglukosekonzentration. Sinkt diese durch mangelnde Glukosezufuhr beispielsweise beim Fasten, wird dies von den Glukoserezeptoren registriert, sodass weniger Insulin freigesetzt wird und dafür die Glukagonfreisetzung stimuliert wird. Dadurch wird vermehrt Glykogen beispielsweise in den Leberzellen zu Glukose abgebaut und diese ins Blut abgegeben. Daher sinkt der Blutglukosespiegel trotz fehlender Nahrungsaufnahme auch über mehrere Tage nur geringfügig ab.

Material C – Adrenalin

C1 Beschreiben Sie den Prozess von der Bindung des Adrenalins an den Rezeptor bis zum Glykogenabbau!
Wenn Adrenalin extrazellulär an den β-adrenergen Rezeptor einer Leberzelle bindet, wird das gekoppelte G-Protein aktiviert, indem es ein Molekül GTP bindet. Eine Untereinheit des G-Proteins mit dem gebundenen GTP verlässt den Rezeptor und stimuliert die Adenylatzyklase. Diese wandelt ATP zu cAMP um, wodurch über Zwischenstufen letztlich das Enzym Phosphorylase aktiviert wird. Die Phosphorylase katalysiert den Abbau des Glykogens zu Glukose.

C2 Erläutern Sie die Funktion des Second-Messenger-Systems mit G-Protein und cAMP!
Über das Second-Messenger-System erfolgt eine enorme Verstärkung des Signals, da nach der Bindung eines Moleküls Adrenalin an den Rezeptor der Hormon-Rezeptor-Komplex ungefähr zehnmal mit einem G-Protein interagieren kann und jede stimulierte Adenylatzyklase mehrere Hundert Moleküle cAMP herstellen kann.

Steroidhormone

Seite 112–114

1 Beschreiben Sie die Wirkung des Testosterons!
Testosteron bindet zum Transport über das Blutgefäßsystem an ein globuläres Transportprotein. Nach der Abkopplung vom Transporter gelangt es leicht durch die Lipiddoppelschicht in die Zielzelle und aktiviert dort einen Transkriptionsfaktor. Zusammen mit Testosteron bindet der Transkriptionsfaktor an die DNA und initiiert die Synthese eines bestimmten Proteins. Wenn auch in verschiedenen Geweben unterschiedliche Wirkungen erzielt werden, wirkt Testosteron grundsätzlich androgen und induziert den Aufbau körpereigener Substanz.

2 Beschreiben Sie das Regulationsprinzip bei der Thyroxinherstellung!
Wenn die Thyroxinkonzentration im Blut hoch ist, wird die Wirkung des TRH auf die Hypophysenzellen gehemmt und ein wenig auch die Herstellung und Abgabe des TRH im Hypothalamus reduziert. Zirkuliert also viel Thyroxin im Blut, wird weniger TSH hergestellt, sodass die Thyroxinproduktion verringert wird. Dieses Prinzip nennt man negative Rückkopplung.

Seite 115 (Material)

Material A – Regulation des Wasserhaushalts

A1 Beschreiben Sie die Mechanismen zur Regulation des Wasserhaushalts!
Bei Wasserüberschuss befindet sich viel Wasser im Blut, sodass der Blutdruck hoch ist. Bei hohem Blutdruck registrieren die Dehnungsrezeptoren in der Aorta und der Halsschlagader eine starke Dehnung der Gefäße und bewirken daher eine Hemmung der Ausschüttung des Antidiuretischen Hormons, kurz ADH. Gleichzeitig ist auch die Konzentration gelöster Substanzen im Blut gering, sodass die sensorischen Zellen des Hypothalamus eine geringe Blutosmolarität registrieren und aufgrund der daraus resultierenden geringen Aktivität die ADH-Ausschüttung nicht fördern. Ohne ADH ist die Wasserresorption in der Niere gering und es wird viel Wasser ausgeschieden.
Kommt es zu einem Wassermangel, sinkt der Blutdruck und die Blutosmolarität steigt. Die Dehnungsrezeptoren sind weniger aktiv, sodass die Hemmung der ADH-Ausschüttung verringert wird und zugleich die sensorischen Zellen im Hypothalamus die geringe Blutosmolarität registrieren und den Hypothalamus zur Ausschüttung von ADH stimulieren und auch den Durst anregen. Durch ADH kommt es zu einer verstärkten Wasserresorption in den Nieren.

Material B – Männliches Fortpflanzungssystem

B1 Beschreiben Sie die Regulation des Testosteronspiegels!
Das Gonadotropin-Releasing-Hormon, kurz GnRH, wird vom Hypothalamus freigesetzt und regt Drüsenzellen der Adenohypophyse dazu an, mehr Luteinisierendes Hormon, kurz LH, und mehr Follikelstimulierendes Hormon, kurz FSH, zu produzieren. Durch LH werden die Leydig-Zellen in den Hoden stimuliert, Testosteron herzustellen. Dies bewirkt den Aufbau und Erhalt der sekundären männlichen Geschlechtsmerkmale. Zusammen mit dem FSH regt Testosteron die Sertoli-Zellen in den Hoden

dazu an, Spermienzellen zu produzieren. Zugleich sezernieren die Sertoli-Zellen das Hormon Inhibin, das die Ausschüttung von GnRH durch den Hypothalamus und von FSH durch die Hypophyse hemmt. Ebenso hemmt in negativer Rückkopplung ein hoher Testosteronspiegel im Blut die Freisetzung von GnRH durch den Hypothalamus und von LH durch die Hypophyse.

B2 Erklären Sie, welche Auswirkungen es hat, dass der Hypothalamus in der Pubertät weniger empfindlich gegenüber Testosteron ist!
Dadurch, dass in der Pubertät die Empfindlichkeit des Hypothalamus für eine hohe Testosteronkonzentration im Blut sinkt, wird die Wirkung der negativen Rückkopplung des Testosterons verringert, sodass ein höherer Testosteronspiegel zur Ausbildung der sekundären Geschlechtsmerkmale und zur Spermienzellproduktion führt.

Material C – Rennechsen

C1 Erklären Sie den Einfluss des Hormonspiegels auf das Sexualverhalten!
Das Paarungsverhalten der Rennechsen wird durch den Hormonspiegel gesteuert. Bei einem hohen Östrogenspiegel verhält die Echse sich wie ein Weibchen, bei einem hohen Progesteronspiegel agiert sie wie ein Männchen.

C2 Stellen Sie eine Hypothese auf, wie das Verhalten evolutionsbiologisch zu erklären ist!
Obwohl die Rennechsen sich parthenogenetisch fortpflanzen und bei dem Paarungsverhalten Spermienzellen weder übertragen noch produziert werden, ist die sexuelle Stimulation für den Eisprung notwendig. Deshalb hat sich dieses Verhalten im Laufe der Evolution erhalten. Zu vermuten ist, dass das Verhalten aus einer Zeit stammt, als sich die Vorfahren der Rennechsen noch nicht parthenogenetisch fortgepflanzt haben, sondern beide Geschlechter für die sexuelle Fortpflanzung notwendig waren.

Steuerung der Organe

Seite 116–119

1 Fassen Sie tabellarisch die leistungs- und erholungsfördernden Wirkungen des Sympathikus und des Parasympathikus zusammen!

Organ	Sympathikus	Parasympathikus
Herz	Herzfrequenz steigt, Herzkranzgefäße weiten sich	Herzfrequenz sinkt, Herzkranzgefäße verengen sich
Blutgefäße	Verengung	–
Blutdruck	steigt (durch die Verengung der Blutgefäße)	sinkt (durch die Erweiterung der Blutgefäße)
Lunge	Entspannung: die Bronchien erweitern sich	Kontraktion: die Bronchien verengen sich
Magen/Darm	Verdauung wird gehemmt	Verdauung wird gefördert
Auge	Pupillen weiten sich	Pupillen verengen sich
Harnblase	Entspannung: verminderte Harnausscheidung	Stimulation: vermehrte Harnausscheidung
Nebennierenmark	Stimulierung der Adrenalinausschüttung	–
Schweißdrüsen	Schwitzen	–

2 Beschreiben Sie am Beispiel des Sprints zum Bus, wie das vegetative Nervensystem Phasen der Leistung und der Erholung steuert!
Wenn die Kinder zum Bus sprinten, lässt sich beobachten, dass die Atmung beschleunigt ist, die Herzschlagfrequenz zunimmt, sich Schweiß bildet. An diesen Vorgängen ist der Sympathikus beteiligt. Der Sympathikus verbessert die Versorgung der Muskeln mit Nährstoffen und Sauerstoff, indem er die Steigerung der Schlagfrequenz des Herzens bewirkt; die Bronchien werden geweitet und die Atmung vertieft. Die Verengung der Blutgefäße steigert den Blutdruck. Dadurch kommt es zu einer Beschleunigung des Blutflusses. Der Abbau von Fetten und Glykogen aus der Leber wird durch den Einfluss des Sympathikus gesteigert, die Energiereserven im Blut in Form von Glukose nehmen zu. Alle regenerierenden Prozesse werden reduziert, wie zum Beispiel die Magen- und Darmtätigkeit. Nach dem Sprint zum Bus reduziert sich die Aktivität der Herz- und Kreislauftätigkeit. Der Parasympathikus bewirkt die Einleitung einer Erholungsphase. Die Darmtätigkeit wird vermehrt, die Bronchien verengt.

3 Erklären Sie die Zusammenarbeit von Nervensystem und Hormonsystem an einem selbstgewählten Beispiel einer Stresssituation!
Selbstgewählte Beispiele könnten sein: plötzliche Gefahr, Referat, Verschlafen, Bungee-Sprung.
Die Aktivierung des Sympathikus erfolgt über den Hypothalamus und das Stammhirn. Die Aktivierung über diese neuronale Stressachse erfolgt rasch und bewirkt eine sehr schnelle Zunahme aller Prozesse, die eine Leistungssteigerung des Körpers bewirken. Durch die Stimulierung des Nebennierenmarks wird gleichzeitig Adrenalin ausgeschüttet. Es unterstützt hormonell die Aktivierung aller leistungssteigernden Systeme des Körpers.

Durch Ausschüttung von Peptidhormonen aktiviert parallel dazu der Hypothalamus die Hypophyse, die wiederum auf hormonellem Weg die Nebennierenrinde zur Ausschüttung von Cortisol stimuliert. Cortisol unterstützt längerfristig die Energiebereitstellung. Blutvolumen und Blutdruck werden gesteigert, das Immunsystem zum Teil unterdrückt. Die Schmerzwahrnehmung wird reduziert. Diese hormonelle Stressachse unterstützt die Bereitstellung von Energie auf hormonellem Weg.
Beide Systeme, Nerven- und Hormonsystem, arbeiten hier eng zusammen und bewirken einerseits eine sehr rasche, unspezifische Alarmreaktion und eine etwas verzögerte Anpassung an eine längerfristige Belastung auf hormonellem Weg.

4 Erläutern Sie, weshalb das Stresshormon Cortisol bei Gesunden auch als Stressbremse bezeichnet werden kann!
Cortisol wirkt auch im Gehirn und da insbesondere auf Membranrezeptoren des Hypothalamus und der Hypophyse. Diese geben, wenn viel Cortisol im Blut ist, weniger CRH und ACTH ab, wodurch die Stimulierung der Nebennierenrinde, weiteres Cortisol auszuschütten, unterbleibt oder geringer wird. Hier wirkt eine negative Feedbackschleife oder negative Rückkopplung. Es handelt sich um einen Regelkreis.

Seite 120–121 (Material)

Material A – Adrenalin

A1 Beschreiben Sie die Wirkung von Adrenalin an den verschiedenen Zielorganen!
Dargestellt sind eine Leberzelle und ein Blutgefäß, die mit ß-adrenergen Rezeptoren ausgestattet sind. Bindet Adrenalin an diesen Rezeptor, so werden aufgrund unterschiedlicher intrazellulärer Prozesse unterschiedliche Wirkungen ausgelöst. Bei der Leberzelle bewirkt die Bindung von Adrenalin den Abbau von Glykogen, die Zelle gibt Glukose ins Blut ab. Bei einem Blutgefäß bewirkt die Bindung von Adrenalin die Erweiterung des Blutgefäßes. Der Skelettmuskel wird stärker durchblutet. Einige Blutgefäße besitzen allerdings auch α-adrenerge Rezeptoren. Das ist zum Beispiel bei den Blutgefäßen im Verdauungssystem der Fall. Dort bewirkt die Bindung von Adrenalin eine Verengung des Blutgefäßes. Die Verdauungsorgane werden weniger stark durchblutet.

A2 Erläutern Sie, weshalb die Ausschüttung von Adrenalin durch das Nebennierenmark bei Stress die Wirkung des Sympathikus unterstützt!
Die Ausschüttung von Adrenalin ins Blut bewirkt auf hormonellem Weg spezifische Effekte an Zielorganen. Zielorgane des Hormons Adrenalin sind das Herz (Herzfrequenzsteigerung), die Blutgefäße der Muskeln (Gefäßerweiterung), die Blutgefäße der Haut und der Verdauungsorgane (Gefäßverengung), die Leberzellen (Glukosefreisetzung). Vergleicht man diese Wirkung mit der Wirkung des Sympathikus, so kann man die Übereinstimmungen feststellen.

Material B – Blutdruck- und Pulsregulation

B1 Beschreiben Sie die Wirkung des Stressors auf Blutdruck und Herzfrequenz anhand der Abbildung!
Stressoren, also belastende Reize, werden vom Thalamus, limbischen System und Neokortex verarbeitet und können über neuronale Verbindungen zum Hypothalamus und zum verlängerten Mark den Sympathikus aktivieren. Über neuronale Verbindungen zum verlängerten Mark, das das kardiovaskuläre Kontrollzentrum im Hirnstamm bildet, wird der Sympathikus aktiviert. Die Aktivierung des Sympathikus hat über neuronale Verbindungen die Aktivierung des Herzschlags und die Steigerung der Herzschlagfrequenz zur Folge. Durch den Sympathikus wird die Nebenniere angeregt, Adrenalin auszuschütten. Dadurch wird der Puls zusätzlich gesteigert. Adrenalin bewirkt zudem die Kontraktion peripherer Gefäße in der Haut, sodass der Blutdruck steigt.

B2 Erläutern Sie die Selbstregulation des Blutdrucks und der Herzfrequenz nach einer kurzen Belastung als ein Beispiel der Zusammenarbeit von Hormonsystem und Nervensystem!
Kommt es zu einer Belastung durch Bewegung oder Stressoren, so regelt das Blutdruckkontrollzentrum den Blutdruck passend zur Belastung. Durch die Belastung nimmt der Blutdruck zu. Daran sind sowohl die neuronale als auch die hormonelle Stressachse beteiligt. Ist die Belastung kurzzeitig, so sinken Herzschlagfrequenz und Blutdruck bald wieder. Dehnungsrezeptoren in der Aorta und den Halsschlagadern registrieren die Druckzunahme in den Blutgefäßen. Diese Information wird über Neuronen zum kardiovaskulären Kontrollzentrum im verlängerten Mark geleitet, das die Grundaktivität des vegetativen Nervensystems steuert. Dort wird ein hemmendes Interneuron aktiviert, das Kontakt zum Sympathikus hat. In Folge wird die Sympathikusaktivität reduziert, der Herzschlag wird geringer, der Blutdruck sinkt. Es handelt sich um eine typische negative Rückkopplung.

B3 Stellen Sie Hypothesen über die Wirkung von Stressoren auf den Parasympathikus auf!
Der Parasympathikus schüttet Acetylcholin aus, das die Herzfrequenz senkt. Wirkt ein Stressor ein, so wird (über Zwischenschritte) die Ausschüttung von Acetylcholin gehemmt. Dadurch kann Adrenalin herzfrequenzsteigernd wirken. Der Verbindungspfeil vom verlängerten Mark zum Parasympathikus muss eine hemmende Wirkung symbolisieren.

Material C – Stressreaktion

C1 Vergleichen Sie die Kurvenverläufe von Stressempfindlichen und Stressunempfindlichen!

Gezeigt werden die Ergebnisse einer Untersuchung an Versuchsteilnehmern, die einer Prüfungssituation ausgesetzt wurden. Gemessen wurde die Konzentration von ACTH, einem Peptidhormon der Hypophyse, die Konzentration von Cortisol und von Adrenalin im Blut jeweils in relativen Einheiten über einen Zeitraum von 120 Minuten. Die Forscher konnten zwei Reaktionstypen unterscheiden: Stressempfindliche und Stressunempfindliche.

Gemeinsamkeiten: Bei beiden Reaktionstypen ist der grundsätzliche Verlauf der Kurven ähnlich. Durch die Stresssituation steigen die Mengen an Stresshormonen im Blut innerhalb von 15 bis 25 Minuten an. Danach fallen sie innerhalb von 10 bis 25 Minuten stark ab und erreichen nach weiteren 20 bis 45 Minuten den Ursprungswert vor der Prüfungssituation.

Unterschiede: Während die Konzentration von Adrenalin bei beiden Reaktionstypen während der Prüfungssituation ähnlich hoch liegt, verlaufen die Kurven für Cortisol und ATCH zwar ähnlich, allerdings weisen die beiden Reaktionstypen hier deutliche Konzentrationsunterschiede auf. Bei dem stressempfindlichen Reaktionstyp liegt der Cortisolspiegel von Anfang an höher, steigt auf nicht ganz die doppelte Menge im Blut an und fällt innerhalb von 80 Minuten auf den Anfangswert. Bei den weniger Stressempfindlichen verläuft die Kurve prinzipiell genauso, allerdings steigt der Cortisolwert weniger stark an. Auch nach der Prüfungssituation bleibt die Konzentration von Cortisol bei den Stressempfindlichen deutlich höher als bei den Stressunempfindlichen. Die ACTH-Menge ist bei Stressempfindlichen während der Prüfungssituation doppelt so hoch verglichen mit den Stressunempfindlichen.

C2 Erklären Sie die Konzentrationsveränderungen von ACTH, Cortisol und Adrenalin im Blut während des Versuchs mithilfe der Wirkung der beiden Stressachsen!

Betrachtet man die beiden Stressachsen, so lässt sich der Verlauf der Adrenalinwerte mit der Aktivierung des Sympathikus erklären. Dadurch wird die Ausschüttung von Adrenalin aus dem Nebennierenmark bewirkt. Diese Reaktion ist schnell, da neuronal vermittelt, sie erfolgt in den ersten 10 Minuten. Nach Beendigung der Stresssituation wird Adrenalin abgebaut. Zwischen den beiden Reaktionstypen ist hier kein wesentlicher Unterschied zu erkennen. Anders bei der zweiten Stressachse: Durch die als Stressor erlebte Prüfungssituation wird der Hypothalamus aktiviert. Er sezerniert das Corticotropin-Releasing-Hormon (CRH) und aktiviert dadurch die Hypophyse zur Abgabe von ACTH. Dieses Hormon bewirkt in der Nebennierenrinde die Ausschüttung von Cortisol. Bei Stressempfindlichen wird sowohl mehr ACTH als auch mehr Cortisol ausgeschüttet.

C3 Stellen Sie Vermutungen zu möglichen Ursachen unterschiedlicher Stressempfindlichkeit an!

Die Stressempfindlichkeit kann auf einer angeborenen stärkeren Aktivierung der Hypophysen-Nebennieren-Achse beruhen. Andererseits können Lernvorgänge und Bewältigungsstrategien eine Ursache für die Unterschiede sein. Wenn eine Person häufiger unangenehme Erfahrungen in Prüfungssituationen gemacht hat oder seine Bewältigungsstrategien als wenig wirksam einschätzt, wird die Intensität der Stressreaktion höher sein. Auch verschiedene Selbstberuhigungsstrategien können hier eine Ursache für Unterschiede sein.

Material D – Chronischer Stress

D1 Beschreiben Sie die Wirkung von Zytokinen und Cortisol!

Die Abbildung zeigt, dass Zytokine an einen Membranrezeptor von Leukozyten binden können. Dies bewirkt den Abbau eines Inhibitorproteins, das den Transkriptionsfaktor 1 besetzt. Dadurch wird dieser Transkriptionsfaktor freigesetzt. Er bewirkt die Gentranskription von entzündungsfördernden Proteinen, zum Beispiel Interleukin. Ist Cortisol im Blut vorhanden, so kann das fettlösliche Cortisol durch die Membran wandern und bindet an ein Rezeptorprotein im Zytoplasma. Dieses ändert seine Konformation und kann nun den Transkriptionsfaktor 1 abfangen und dadurch inaktivieren. Die Bildung von entzündungsfördernden, immunreaktionssteigernden Proteinen unterbleibt. Gleichzeitig bewirkt die Bindung an das Protein, dass dieses als Transkriptionsfaktor auf andere Gene wirkt. Entzündungshemmende Proteine werden gebildet. Außerdem wird das Inhibitorprotein gebildet, das den Transkriptionsfaktor 1 inaktiviert. So wird die Gentranskription von entzündungsfördernden Interleukinen reduziert.

D2 Stellen Sie Hypothesen über den Zusammenhang zwischen Stress, Cortisol und Infektionskrankheiten auf!

Die Befunde der Statistik zeigen, dass bei der Einwirkung eines Stressors auf Personen mit chronischem Stress die Anzahl der Erkältungskrankheiten höher war als bei Versuchspersonen, die keinem länger anhaltenden Stressor ausgesetzt waren – egal wie lang der neuerliche Stressor einwirkte. Durch chronischen Stress ist die hormonelle Stressachse aktiviert, die dazu führt, dass vermehrt Cortisol ins Blut ausgeschüttet wird. Dauert der Stress an, so wird Cortisol längerfristig ausgeschüttet; der Cortisolspiegel im Blut bleibt hoch. Dies führt auf zellulärer Ebene dazu, dass die entzündungshemmende Wirkung gesteigert wird, die immunsystemfördernde Wirkung der Interleukine jedoch reduziert ist.

D3 Diskutieren Sie die Aussage, dass chronischer Stress Infektionskrankheiten verursacht!
Chronischer Stress verursacht die Infektionskrankheiten nicht. Infektionskrankheiten werden durch Erreger wie Bakterien und Viren verursacht. Der Ausbruch der Infektionskrankheit aber wird durch die Reaktion des Immunsystems beeinflusst. Cortisol reduziert die Immunreaktion, dadurch lässt sich ein indirekter Einfluss von Cortisol auf das Erkrankungsrisiko vermuten.

4 Emotion und Motivation

Biologische Grundlagen von Emotionen

Seite 122–124

1 Erläutern Sie mithilfe des Modells in Abbildung 02, weshalb Menschen in derselben Situation unterschiedliche Gefühle empfinden können!
Das Modell verdeutlicht die Informationsverarbeitungsprozesse bei der Entstehung von Emotionen. Emotionen zeigen sich danach auf verschiedenen Ebenen: als emotionale Erregung, als Körperreaktion, im Verhalten als Handlungsimpulse und Ausdruck von Emotionen und als erlebtes Gefühl. Wenn ein Umgebungsreiz, zum Beispiel eine Spinne, wahrgenommen wird, so wird der sensorische Input subkortikal unbewusst verarbeitet. Dabei entsteht ein Erregungszustand im Gehirn, der über das vegetative Nervensystem zum Beispiel zu einer Alarmreaktion führt, der Herzschlag beschleunigt sich, die Augen sind geweitet. Der Handlungsimpuls kann zum Beispiel Zurückweichen sein. Die emotionale Erregung und der wahrgenommene Reiz werden auch von kortikalen Gehirnarealen verarbeitet. Die Rückmeldung von Körperreaktion und Mimik fließen in die Verarbeitung mit ein. Der Mensch erlebt in dieser Situation vielleicht Angst oder Ekel. Dieselbe Spinne kann bei einer anderen Person auch Neugier auslösen, während die emotionale Erregung bei der Wahrnehmung des Reizes dieselbe ist. Da dieser Mensch aber vielleicht viel über die Nützlichkeit von Spinnen weiß oder sich in besonderem Maße für die Natur interessiert, weckt die ähnliche unwillkürliche emotionale Erregung den Handlungsimpuls Hinsehen und das Gefühl von Neugier. Die Verarbeitung auf dem Hintergrund der Erfahrungen hat dann wiederum Einfluss auf die Wahrnehmung des Reizes, die Gedanken über die Reizsituation („interessant“) und das Verhalten (Zuwendung, Andere auch darauf aufmerksam machen).

2 Beschreiben Sie die Besonderheit in Aufbau und Funktion des limbischen Systems!
Das limbische System besteht aus unterschiedlichen Arealen des Gehirns, die zu den stammesgeschichtlich älteren Teilen des Endhirns gehören. Wichtige Areale liegen wie ein Saum um den Thalamus und werden deshalb zum limbischen System zusammengefasst. Wichtige limbische Strukturen sind die Amygdala, der Hippocampus, der Hypothalamus und der cinguläre Kortex. Auch die Basalganglien und das mesolimbische Belohnungssystem *mit Area tegmentalis ventralis und Nucleus accumbens* werden heute dazu gezählt. Das limbische System ist aber weniger ein Ort im Gehirn als vielmehr eine funktionelle Einheit. Durch das limbische System werden verschiedene Strukturen im Gehirn miteinander verknüpft. Die Aktivität der limbischen Strukturen hat somit Einfluss sowohl auf den Präfrontalkortex, der für Handlungssteuerung, Bewusstsein, Gedächtnis zuständig ist, als auch über den Hypothalamus und den Hirnstamm auf physiologische Prozesse im Körper. Die limbischen Strukturen bewirken unterschiedliche Erregungszustände größerer Gehirnareale.

3 Erläutern Sie anhand der Abbildung 05 die Entstehung von Ekel, Furcht und Ärger!
Das Diagramm zeigt die Ergebnisse von fMRT-Studien, in denen die Aktivität verschiedener Gehirnareale gemessen wurde, die zum limbischen System und Präfrontalkortex gehören. Bei den drei Emotionen Angst, Ekel und Ärger wurde unterschiedlich häufig Aktivität in unterschiedlichen Gehirnarealen des limbischen Systems gefunden. Bei Ekel zeigte sich sehr häufig eine Aktivierung der Basalganglien und des Belohnungssystems. Amygdala und kortikale Bereiche waren dagegen weniger häufig aktiviert. Bei dem erlebten Gefühl von Angst zeigte sich häufig eine Aktivierung der Amygdala und kortikalen Areale. Bei Ärger war der Orbitofrontalkortex, der an der Kontrolle von Emotionen beteiligt ist, besonders häufig aktiv. Unterschiedliche Emotionen sind offenbar durch unterschiedliche Aktivierungsmuster in unterschiedlichen Gehirnarealen des limbischen und kortikalen Systems gekennzeichnet. Das bestätigt die Vorstellung vom limbischen System als funktionelle und nicht anatomische Einheit.

Seite 125 (Material)

Material A – Emotionen als Gedächtnisstütze?

A1 Beschreiben Sie die Versuchsergebnisse im Hinblick auf die Versuchsfrage!

Die Versuchsergebnisse zeigen, dass alle zentral liegenden Inhalte besser wiedererinnert wurden als die peripher liegenden. Auffällig ist, dass bei der emotionalen Szene zentrale Informationen besser wiedererinnert wurden als bei den anderen Szenen, während periphere Informationen der emotionalen Szene schlechter erinnert wurden als bei den anderen Szenen. Die korrekte Wiedergabe der zentralen beziehungsweise der peripheren Bildinformationen war bei der neutralen und der ungewöhnlichen Szene ähnlich hoch.

A2 Erläutern Sie, welche Rückschlüsse das Experiment auf die Bedeutung von Emotionen bei der Erinnerung ermöglicht!

Die unbewusste Informationsverarbeitung der drei unterschiedlichen Szenen bewirkt im Falle des emotionalen Reizes eine Aufmerksamkeitsfokussierung auf das Zentrum des Bildes. Das hat zur Folge, dass periphere Anteile der Szene schlechter erinnert werden. Für die Wiedererinnerung von Informationen hat das Folgen. Offenbar werden die Anteile der Szene, die durch limbische Aktivierung als emotional bewertet werden, besser behalten und wiedererinnert. Der Versuch kann allerdings keine Aussage darüber machen, ob auch das Speichern der Erinnerung durch die Emotionen verbessert wird. Insgesamt lässt sich die Vorstellung, dass Emotionen eine Gedächtnisstütze sind, nur zum Teil bestätigen: Die Anteile des Reizes, die mit der Auslösung der emotionalen Reaktion zusammenhängen und im Zentrum der Aufmerksamkeit liegen, werden besser behalten, peripher liegende dagegen offenbar schlechter.
Überraschende Reize sind nicht gleichzeitig emotionale Reize. Dieser Befund zeigt, dass die Entstehung von Emotionen nicht hauptsächlich ein Überraschungseffekt ist, sondern Ausdruck eines subjektiven Bewertungsprozesses (angenehm, unangenehm).

A3 Deuten Sie die Ergebnisse mithilfe der neurobiologischen Grundlagen der Emotionen!

Wird ein Reiz als emotional wahrgenommen, so laufen subkortikale, unbewusste Bewertungsprozesse im limbischen System ab, noch bevor der Bildinhalt bewusst wird. Diese unbewussten Bewertungsprozesse gehen einher mit inneren Zustandsveränderungen von Körper und Geist. Bei einem aversiven Reiz wird das Gehirn durch die limbischen Strukturen in einen aktivierten Zustand versetzt; die Aufmerksamkeit wird auf den Reiz gelenkt, andere Reize ausgeblendet. Der Körper wird auf Kampf oder Flucht vorbereitet. Der Hippocampus als Tor zum Gedächtnis selektiert emotional bedeutsame Reize und fördert die Speicherung zentraler Aspekte der Situation. Diese werden dann leichter wiedererinnert. Allerdings werden andere Aspekte der Situation, die nicht emotional bedeutsam waren, weniger gut erinnert.
Zusatzinformation: Die Wahrnehmung einer Situation und die dabei erlebte Emotion sowie das auftretende Körperempfinden („arrousal") werden unbewusst miteinander verknüpft und gemeinsam gespeichert. Die Körpersignale und das Erleben, die zusammen mit der Situation gespeichert werden, nennt der Neurowissenschaftler DAMASIO somatische Marker. Diese Verknüpfung wird im emotionalen Gedächtnis gespeichert, an dem das limbische System (besonders der Hippocampus) und der Präfrontalkortex beteiligt sind. Diese Assoziation erklärt, warum Gedanken an ein Erlebnis, ausgelöst durch einen Geruch, ein Bild oder ein Geräusch, völlig unbewusst und unwillkürlich Emotionen hervorrufen, die sich auch in somatischen Veränderungen äußern. Und umgekehrt lässt sich zeigen, dass auch mimischer und körperlicher Ausdruck wiederum unsere Emotionen und Gedanken beeinflussen. Im Alltag nutzen wir diese emotionale „Begleitmusik" zum Beispiel für intuitive Entscheidungen, sogenannte Bauchentscheidungen. Allerdings führt diese enge Verknüpfung von Kognitionen und Emotionen auch zu den Flashbacks, die zum Beispiel Kriegsopfer leidvoll erleben.

Material B – Emotionsregulation durch Gedanken

B1 Beschreiben Sie die Versuchsanordnung!

In dem Versuch wurden Versuchspersonen mit der Androhung einer Gefahr konfrontiert. Dadurch konnten sie sich gedanklich auf die (vermeintliche) Gefahr eines Stromschlags vorbereiten. Die Versuchsleiter variierten nun die Anweisung, wie die Versuchspersonen mit der Ankündigung umgehen sollten: Entweder sollten sie sich von der ihnen drohenden Gefahr distanzieren oder sie ganz auf sich beziehen. Anschließend wurde das subjektive Erleben von Angst als Maß für das entstandene Gefühl und die Hautleitfähigkeit als Maß für die Aktivierung des Sympathikus gemessen. Die Versuchsfragen, die überprüft werden sollten, lauteten: Führt die Ankündigung einer Gefahr zu einer emotionalen Reaktion (Ängstlichkeit)? Kann die gedankliche Distanzierung von erwarteten Gefahren durch Vorstellungsbilder (Imagination) zu einer Reduktion der erlebten Ängstlichkeit führen und die objektiv messbare physiologische Erregung reduzieren?

B2 Erläutern Sie die Versuchsergebnisse!

Die Ergebnisse zeigen, dass die subjektiv empfundene Ängstlichkeit im Kontrollversuch (tiefer Ton) gering war, während sie bei der Ankündigung von Gefahr (hoher Ton) zwischen 40 und 60 Punkten lag, also als stark empfunden wurde.
Die Hautleitfähigkeit als Maß für die physiologische Erregung (Schwitzen) sank in der Versuchsbedingung

„keine Gefahr". Dagegen stieg sie bei drohender Gefahr. Distanzierten sich die Probanden durch gedankliche Vorstellungen von dem drohenden Stromschlag, so war die subjektiv erlebte Ängstlichkeit und die Hautleitfähigkeit geringer als bei den Versuchspersonen, die sich ganz in die Situation hineinversetzen. Wurde keine Gefahr angekündigt, so hatte die unterschiedliche gedankliche Vorbereitung kaum Auswirkungen.

B3 Deuten Sie die Wirkung von Gedanken auf Emotionen! Nennen Sie Beispiele aus dem Alltag, die den Nutzen der Ergebnisse verdeutlichen!
Die Versuchsergebnisse zeigen, dass Gedanken Einfluss auf die Intensität von Gefühlen haben können. Dabei beeinflussen die Gedanken nicht nur das emotionale Erleben, hier die empfundene Ängstlichkeit, sondern sogar die unbewusste, physiologische Erregung. Das Modell zur Entstehung von Emotionen verdeutlicht, dass durch den Einfluss kortikaler Verarbeitungs- und Bewertungsprozesse emotionale Erregung und Gefühle beeinflusst werden. Der Frontalkortex, in dem Gedanken und Erinnerungen erzeugt werden, hat neuronale Verknüpfungen mit dem limbischen System. So lassen sich die Regulation von Emotionen und der Einfluss von Gedanken auf das vegetative Nervensystem erklären.
Im Alltag kann das gedankliche Distanzieren in vielen Situationen genutzt werden, in denen wir mit erwarteten Stressoren konfrontiert werden. Eine Zahnarztbehandlung ist dafür ein gutes Beispiel. Autogenes Training arbeitet ebenfalls nach diesem Muster: Über gedankliche Vorsätze lassen sich mit diesem Entspannungsverfahren die physiologische Erregung durch das sympathische Nervensystem günstig beeinflussen.
Zusatzinformation: Imaginationen oder Vorstellungsbilder werden heute bei der Behandlung von Ängsten systematisch genutzt. Aber auch im Alltag kann man zeigen, dass Personen Methoden der Dissoziation von negativen Erlebnissen intuitiv nutzen, um diese zu bewältigen. Solche Bewältigungs- oder Coping-Strategien können trainiert werden.

Neurobiologie der Angst

Seite 126–128

1 Erläutern Sie am Beispiel einer selbstgewählten angstauslösenden Situation das Zwei-Wege-Modell der Angstentstehung!
Ausgewählt werden können zum Beispiel Höhenangst, Angst vor Geräusch im Dunkeln, Angst vor Spritzen, Angst vor Prüfung u.a.m.
Es lassen sich zwei Verarbeitungswege von angstauslösenden Reizen unterscheiden. An beiden ist die Amygdala beteiligt. Auf dem subkortikalen Weg wird der sensorische Input vom Thalamus direkt an die Amygdala weitergegeben und dort unwillkürlich als bedrohlich oder harmlos bewertet. Über Verbindungen zum vegetativen Nervensystem und zum Hypothalamus wird eine Alarmreaktion in Gang gesetzt, noch bevor der bedrohliche Reiz bewusst wird. Über einen zweiten, kortikalen Weg ist der Thalamus mit sensorischen Bereichen des Kortex verbunden. Dort wird der Reiz erkannt und als Bedrohungssituation oder harmlose Situation bewusst. Die Informationen werden von der Großhirnrinde verarbeitet. Durch den Vergleich der sensorischen Information des Thalamus, der Reaktion der Amygdala auf den Reiz und der Erfahrungen, die im Gedächtnis gespeichert sind, wird dann ein Verhalten eingeleitet. Dabei spielen Hippocampus und Präfrontalkortex eine wichtige Rolle – besonders auch bei der Dämpfung von Angst.

2 Erklären Sie die Lernmechanismen beim Erwerb von Angst vor Objekten!
Klassische Konditionierung ist eine Möglichkeit, Furcht vor Objekten und Situationen zu entwickeln. Beim klassischen Konditionieren wird ein harmloser Reiz, der keine Angstreaktion auslöst, zeitlich oder räumlich mit einem Reiz kombiniert, der eine Schreckreaktion auslöst. Das kann zum Beispiel ein lautes Geräusch oder auch ein Schmerz sein. Dieser Reiz löst unmittelbar eine Angstreaktion hervor. Durch die zeitliche oder räumliche Kombination der beiden Reize kommt es zu einer Verknüpfung des bis dahin harmlosen Reizes mit dem Angsterleben. Er wird zum Signal oder Hinweisreiz für eine Bedrohung. Nach dem Lernen reicht es, diesen zuvor harmlosen Reiz zu präsentieren, um die Angstreaktion hervorzurufen. An der Verknüpfung von Reizen und Reaktion sind Thalamus und die Amygdala beteiligt. Die Verknüpfung läuft unbewusst ab. In der Amygdala werden synaptische Verbindungen stabilisiert, die dann bereits beim Auftauchen des Hinweisreizes zu physiologischen und Verhaltensreaktionen führen. Beim Konditionieren hat der Betroffene eine konkrete eigene Erfahrung mit dem Objekt gemacht.
Beobachtungslernen ist eine weitere Möglichkeit, Angst zu entwickeln. Dabei beobachtet ein Lebewesen die Angstreaktion eines Artgenossen in einer bestimmten Situation oder gegenüber einem Objekt. Die Beobachtung fördert im Beobachter eine Verknüpfung von Objekt mit Angst.
Zusatzinformation: Natürlich kann Angst auch durch Belohnungslernen (operantes Konditionieren) gefördert werden.

3 Erläutern Sie wichtige Funktionen von Angst!
Am Beispiel der im Text erwähnten Patientin, die keine Angst empfinden kann, kann man erkennen, dass Angst eine wichtige Schutzfunktion hat. Die Fähigkeit, bedrohliche Reize im Laufe des Lebens zu lernen, ist überlebenswichtig. So kann ein Organismus potenziell

gefährliche Objekte und Situationen auch in einer sich verändernden Umwelt bewältigen und ausgelöst von gelernten Hinweisreizen sehr rasch darauf reagieren.

Seite 129 (Material)

Material A – Entstehung und Therapie der Spinnenphobie

A1 Werten Sie das Ergebnis der Befragung zur Entstehung der Spinnenphobie in Abbildung C aus!

Dargestellt sind die Ergebnisse der Befragung von Patienten, welche Erinnerung sie an die Entstehung ihrer Tierphobie haben. Knapp 50 Prozent der Tierphobiker gaben an, dass sie eine negative Erfahrung mit dem betreffenden Tier gemacht haben. Hier ist anzunehmen, dass die Tierphobie durch Konditionierung gelernt wurde. Knapp 30 Prozent der Tierphobiker gaben an, andere dabei beobachtet zu haben, wie sie in einer Situation mit Tieren Angst zeigten. Bei ihnen ist anzunehmen, dass die Angst durch Beobachtungslernen erworben wurde. Das Anerziehen der Angst durch Andere wird bei etwa 15 Prozent der Tierphobiker als Ursache gesehen. Das heißt, hier haben andere Personen zum Beispiel vor der Gefährlichkeit des Objekts gewarnt. Etwa 10 Prozent konnten sich an keine Ursache erinnern.

Die Daten deuten darauf hin, dass Phobien gegenüber Tieren wie Spinnen, Hunden oder Schlangen beim Menschen bei der knappen Hälfte der untersuchten Fälle durch eigene Erfahrung gelernt werden und bei der anderen knappen Hälfte gelernt werden, indem andere Personen Scheu oder Angst zeigen oder vor der Situation warnen.

A2 Erklären Sie, wie eine Angstkonditionierung beim Menschen erfolgen könnte!

Eine Tierphobie kann durch Konditionieren entstehen. Die Kombination von Aufgeregtheit, vegetativer Anspannung, Unwohlsein aus vielleicht ganz anderen Gründen (Gang in den Keller, Dunkelheit) mit der Anwesenheit der Spinne oder eines anderen Tiers kann dazu führen, dass das zunächst harmlose oder eher Aufmerksamkeit auslösende Tier zu einem konditionierten Reiz für Gefahr wird. Später reicht dann die Spinne alleine, um die physiologische Erregung, die Angstreaktion, auszulösen. Alle Befunde deuten darauf hin, dass Lernprozesse bei der Entwicklung von Phobien eine wichtige Rolle spielen.

A3 Beschreiben Sie die Befunde in den Abbildungen A und B und erklären Sie die Wirkung der Desensibilisierungstherapie!

Spinnenphobiker wurden vor und nach der Therapie mit Spinnenbildern und anderen Bildern konfrontiert. Sie gaben ihr subjektives Empfinden von Ekel und von Angst vor und nach der Therapie an. Vor der Therapie schätzten die untersuchten Spinnenphobiker ihren Ekel und ihre Angst als sehr hoch ein (sieben bis acht Punkte auf der Rating-Skala). Nach der Therapie war das subjektiv erlebte Angst- und Ekelgefühl deutlich gesunken (zwei bis drei Punkte auf der Rating-Skala). Die physiologische Angstreaktion, gemessen an der Hautleitfähigkeit, reduzierte sich um mehr als die Hälfte. Eine Erklärung für den Rückgang der subjektiv erlebten Angst und der objektiv messbaren emotionalen Erregung ist die Löschung der Konditionierungsreaktion. Die Konfrontation mit dem Angstobjekt in der geschützten Umgebung führt zu einer Kombination von Angstobjekt mit positiven Erfahrungen.

Zusatzinformation: Es gibt auch andere Erklärungen (kognitive Erklärungsmodelle): die Reduktion der Angst durch die Aktivierung des Präfrontalkortex und Dämpfung der Amygdala (Emotionskontrolle).

Material B – Verarbeitung emotionaler Reize

B1 Werten Sie die Untersuchungsergebnisse in Abbildung B aus!

Versuchspersonen sollten in diesem Experiment in einem dargebotenen Feld von neutralen Gesichtern ein ärgerlich-bedrohliches Gesicht schnellst möglich entdecken. Die Untersuchungsergebnisse zeigen, dass sich Personen mit hoher und niedriger sozialer Angst bei der Identifizierung bedrohlicher Reize unterscheiden. Das ärgerlich-bedrohliche Gesicht wurde von Personen mit hoher sozialer Ängstlichkeit schneller entdeckt als von niedrig sozial Ängstlichen. Da die Betrachtungszeit sehr kurz war, lassen sich die Untersuchungsergebnisse so deuten, dass eine unbewusste rasche Verarbeitung von bedrohlichen Reizen bei Personen mit hoher sozialer Ängstlichkeit vorliegt und zur Folge hat, dass solche Reize die Aufmerksamkeit auf sich ziehen.

B2 Beschreiben Sie die Durchführung einer fMRT-Untersuchung und erläutern Sie die Untersuchungsergebnisse in Abbildung C!

Verglichen wurde die Aktivität der Amygdala von Personen mit unterschiedlicher sozialer Ängstlichkeit beim Betrachten von bedrohlichen Gesichtern im Rahmen einer fMRT-Studie. Die fMRT-Bilder zeigen eine Zunahme der Aktivität beider Amygdalae beim Betrachten von bedrohlichen Gesichtern bei den sozial Ängstlichen. Bei nicht sozial Ängstlichen konnte keine Veränderung der Aktivität in der rechten und linken Amygdala gemessen werden.

fMRT-Untersuchungen gehören zu den bildgebenden Verfahren. Bei einer funktionellen Magnetresonanztomografie werden indirekt Aktivitätsveränderungen im Gehirn als Zunahme der Durchblutung und des Glukosetransports in dieser Region gemessen. Die fMRT nutzt die Tatsache, dass aktive Gehirnregionen stärker durchblutet werden als inaktive. In der Untersuchung im Magnetfeld weist das sauerstoffbeladene Hämoglobin eine andere Magnetresonanz auf als das sauerstoffarme

Hämoglobin. Diesen Unterschied machen sich Ärzte und Forscher zunutze. Die Versuchspersonen im Magnetresonanztomografen werden zunächst in Ruhe, also ohne Aufgabe untersucht. Dann werden sie mit speziellen Aufgaben konfrontiert, zum Beispiel aus einem Feld von neutralen Bildern ein ärgerlich-bedrohliches herauszusuchen. Parallel wird die Magnetresonanz in den interessierenden Gehirnregionen gemessen. Die beiden Werte werden dann miteinander verglichen und die Differenzen verrechnet.
Die Ergebnisse bestätigen andere Befunde zur Bedeutung der Amygdala bei der unwillkürlichen Verarbeitung von bedrohlichen Reizen. Allerdings lässt sich dieser Befund nicht verallgemeinern: Es müssen noch weitere Faktoren, zum Beispiel Persönlichkeitsmerkmale wie das Ausmaß der generellen Ängstlichkeit, berücksichtigt werden.

B3 Formulieren Sie Hypothesen, welche Folgen eine unterschiedliche Verarbeitung gleicher emotionaler Reize im Alltag hat!
Falls sich die Tendenz bestätigt, dass Hochängstliche und Niedrigängstliche bedrohliche Reize unterschiedlich verarbeiten, dann hat das Konsequenzen im Alltag. Aufgrund der hier vorliegenden Ergebnisse lässt sich die Hypothese aufstellen, dass sozial Ängstliche ganz allgemein Reize, die Bedrohung signalisieren, selektiv und rasch wahrnehmen im Vergleich mit weniger bedrohlichen Reizen. Diese Vermutung ließe sich anhand weiterer Untersuchungen prüfen. Zu vermuten und zu überprüfen wäre auch, ob auch andere Hinweisreize auf Bedrohungen rascher als bei Niedrigängstlichen verarbeitet werden.
Bei der Empfindung von Bedrohung zeigt sich eine erhöhte Amygdalaaktivität, mit der Folge, dass unbewusst Körperreaktionen und angstvolle Emotionen gefördert werden. Wenn die Verarbeitung von bedrohlichen Gesichtern bei Hoch- und Niedrigängstlichen unterschiedlich schnell abläuft, dann könnte das Einfluss auf Aufmerksamkeit und Erinnerung von angenehmen und unangenehmen Situationen haben. Denn die Amygdala ist eng mit dem Hippocampus verbunden. Falls eine solche Wahrnehmungspräferenz für bedrohliche Reize nachweisbar wäre, würde das die Ängstlichkeit weiter fördern. Ängstliche Menschen würden immer ängstlicher werden.

Biologische Grundlagen der Motivation

Seite 130–132

1 Erläutern Sie die hormonelle Regulation von Appetit!
Verschiedene Hormone haben Einfluss auf den Appetit. Die meisten wirken im Hypothalamus. Bei der kurzfristigen Regulation führen die Zunahme der Konzentration von Glukose im Blut nach einer Mahlzeit, die Ausschüttung von Insulin und die Zunahme des Peptidhormons YY, das bei fettreichen und hochkalorischen Mahlzeiten vom Darm ausgeschüttet wird, zu einer Reduktion von Hunger und Appetit. Die Ausschüttung von Ghrelin bei leerem Magen, der sinkende Insulinspiegel oder das Betrachten von sehr ansprechender Nahrung steigern den Appetit. Langfristig bewirkt das Hormon Leptin, das von Fettzellen ausgeschüttet wird, eine Reduktion von Appetit. Ist wenig Fettgewebe vorhanden, so wird wenig Leptin ausgeschüttet, der Appetit nimmt zu.

2 Fassen Sie innere und äußere Faktoren zur Steigerung der Motivation, Süßigkeiten zu kaufen und zu essen, zusammen!
Innere physiologische Veränderungen können die Motivation, Süßes zu kaufen, erhöhen: Dazu gehören das Absinken des Blutzuckerspiegels, der leere Magen, die Konzentrationszunahme von Ghrelin; eine geringe Fettreserve und dadurch eine geringe Konzentration von Leptin. Aber auch kognitive Bewertungsprozesse, die Belohnung in Form der Erwartung angenehmer Gefühle, Stress, Stimmungen und Emotionen sowie gelernte Gewohnheiten, aber auch Persönlichkeitsmerkmale wie Selbstkontrolle spielen eine Rolle. Auch äußere Faktoren haben einen Einfluss auf die Bereitschaft, Süßigkeiten zu kaufen: die Tageszeit, die Präsentation der Nahrung, der Geschmack und Geruch, die Anwesenheit anderer und der Preis haben einen Einfluss auf die Entscheidung, das Geschäft zu betreten oder doch zu verzichten.

3 Erläutern Sie mithilfe des Modells in Abbildung 05, wovon es abhängt, ob Sie sich bei einer Klausurvorbereitung anstrengen oder Handlungsalternativen wählen!
individuelle Schülerantwort
Das Motivationsmodell und die MASLOWsche Bedürfnispyramide können für die Antwort herangezogen werden. Der amerikanische Psychologe konnte zeigen, dass ganz verschiedene Motive Menschen zu Anstrengungen motivieren. Bei der Klausurvorbereitung werden vor allem Bedürfnisse nach Individualität, Anerkennung, Wertschätzung sowie nach Selbstverwirklichung eine Rolle spielen.
Das Modell der Leistungsmotivation sagt vorher, dass die Motivation und Anstrengungsbereitschaft dann hoch sind, wenn ein Ziel vorliegt, der Wert des erwarteten Ergebnisses und die Erfolgswahrscheinlichkeit als hoch eingeschätzt werden. Ob die Anstrengungsbereitschaft sich dann auch in der Leistung niederschlägt, hängt von weiteren Faktoren, zum Beispiel Merkmalen der Aufgabe, der Selbsteinschätzung („ich bin mathematisch begabt“) und den vorhandenen Fähigkeiten sowie Persönlichkeitseigenschaften ab. Wird das Ergebnis als positiv bewertet, so entsteht Zufriedenheit, besonders wenn der Person dieses Ergebnis sehr wichtig ist. Ist

einem Schüler oder einer Schülerin die Klausur sehr wichtig, da sie hilft, ein Ziel, zum Beispiel das Abitur und die Aufnahme eines gewünschten Studiums, zu erreichen, so wird die Motivation eher hoch sein und die Anstrengungsbereitschaft steigen. Nimmt dieser Schüler oder diese Schülerin wahr, dass die Aufgaben sehr schwierig sind und hat er oder sie die Erfahrung gemacht, dass er oder sie Schwierigkeiten bewältigen kann, dann fördert das die Anstrengungsbereitschaft. War die Leistung gut, so fördert das die innere Zufriedenheit und erhöht die Erfolgswahrscheinlichkeit. So kann es zu einem positiven Erfolgskreislauf kommen. Hat der Schüler oder die Schülerin dagegen die Erfahrung gemacht, dass er oder sie selbst bei Anstrengung die Leistung nicht erreicht, dann reduziert sich die Aussicht auf Erfolg, die Zufriedenheit sinkt, die Rollenwahrnehmung (zum Beispiel: „Ich bin ein schlechter Matheschüler") wirkt sich negativ auf die Anstrengungsbereitschaft und die erfolgreiche Arbeit an der Klausurvorbereitung aus.
Zusatzinformationen: Diesem vereinfachten Modell liegt letztlich ein erweitertes Erwartungs-mal-Wert-Modell (Atkinson) der Leistungsmotivation zugrunde.
Die Schülerinnen und Schüler können an diesem Beispiel selbstständig Modellkritik durchdenken und die Bedeutung weiterer Faktoren beziehungsweise die Art des Einflusses betrachten. Interessant ist dabei, wie der Attributionsstil die Bewertung des Ergebnisses und damit die Motivation beeinflusst.

Seite 133 (Material)

Material A – Leptin – Hoffnung für Menschen mit Adipositas?

A1 Erklären Sie die physiologische Regulation des Körperfettvolumens durch Leptin!
Die Adipozyten (Fettzellen) sezernieren Leptin. Dieses bindet an Leptinrezeptoren im Hypothalamus. Das bewirkt, dass die Nahrungsaufnahme gebremst wird und der Energieverbrauch gesteigert wird. Das Volumen der Fettzellen nimmt ab. Es handelt sich um eine typische Regulation mit Feedbackhemmung.

A2 Erklären Sie die Folgen der in der Abbildung genannten Mutationen bei Mäusen auf die Regulation der Körpermasse und erläutern Sie mögliche Wirkungen einer Behandlung mit Leptin!
Ist der Leptinrezeptor im Hypothalamus mutiert, so kann Leptin nicht binden. Der Hypothalamus erhält kein Signal über den Versorgungszustand, die Nahrungsaufnahme wird nicht gebremst, trotz ausreichender Fettreserven. Das Volumen der Adipozyten nimmt zu. Auch wenn nun von den Adipozyten vermehrt Leptin ausgeschüttet wird, kommt es trotzdem nicht zu einer Hemmung des Appetits. Es kann auch, wie bei den ob/ob-Mäusen das Gen zur Produktion von Leptin in den Adipozyten mutiert sein. Dann wird von den Adipozyten kein wirksames Leptin produziert. Der Hypothalamus erhält das fehlerhafte Signal, dass keine Fettreserven vorliegen. Der Appetit ist hoch, obwohl die Versorgung ausreichend ist. Den ob/ob-Mäusen kann mit der Leptintherapie geholfen werden, nicht jedoch den Mäusen mit der Mutation der Rezeptoren.

A3 Stellen Sie Hypothesen auf, weshalb Leptin längerfristig nicht die erwünschte Wirkung hat, sondern den Jo-Jo-Effekt verstärkt!
Durch die Diät wird das Volumen der Fettzellen reduziert und somit auch die Menge an Leptin. Das steigert den Appetit. Meist wird dann wieder mehr Nahrung aufgenommen. Die Zunahme der Fettzellen müsste dann eigentlich zu einer negativen Rückkopplung führen. Bleibt diese aus, so können verschiedene Ursachen angenommen werden: Mutationen des Leptinrezeptors im Hypothalamus, fehlende Leptinbildung, Unempfindlichkeit der Rezeptoren im Hypothalamus, andere Einflussfaktoren wie Gewohnheit; belohnende Wirkung von Nahrung; Anreiz der Nahrung; Insulinmenge usw.
Zusatzinformation: Die sich entwickelnde Resistenz gegenüber Leptin scheint bei adipösen Menschen eine Rolle zu spielen. Das schließt man daraus, dass man meist stark erhöhte Leptin-Blutkonzentrationen bei Adipösen findet, die aber keine gewichtsreduzierende Wirkung haben. Da Leptin die Blut-Hirn-Schranke nur mithilfe eines Transporters überwinden kann und nachweislich die Leptin-Transportrate bei steigendem Leptinspiegel abnimmt, kann auch hier die Ursache der Leptinresistenz liegen.

Material B – Werbung und Motivation

B1 Befragen Sie aktuelle und ehemalige Raucher für die Gründe des Beginns und des Beendens des Rauchens! Ordnen Sie die Antworten den Bedürfniskategorien von MASLOW zu!
Befragungen ergeben vermutlich folgende typischen Gründe: wirkt cool, meine Freunde rauchen auch, Neugier, bessere Stimmung. Als Gründe für das Aufhören werden zum Beispiel angegeben: Gesundheit, Schwangerschaft, Geruch, finanzielle Gründe, Familie oder Freunde sind dagegen.
Zuordnung zu den Bedürfniskategorien MASLOWs: zum Beispiel Anerkennung (wirkt cool); Zugehörigkeit (Freunde rauchen auch). Manche Gründe können auch mehreren Kategorien zugeordnet werden.
Zusatzinformationen: Unter folgendem Link ist das Ergebnis aus einer Befragung der DAK von 1783 Schülerinnen und Schülern im Jahre 2007 zum Thema Rauchen zu finden:
https://www.dak.de/dak/download/Studie_Rauchen_im_Jugendalter-1077108.pdf (letzter Zugriff am 30.06.2016).

B2 Werten Sie die Ergebnisse der Studie aus!

Die Versuchspersonen schätzten die Werbespots im Durchschnitt positiv in ihrer Effektivität ein. Dabei wurde der Werbespot B in seiner Effektivität auf die Veränderungsbereitschaft am höchsten eingeschätzt. Der Werbespot C erhielt die geringste verhaltensändernde Wirksamkeitseinschätzung. Vergleicht man die Aktivitätsveränderung im Präfrontalkortex bei den verschiedenen Werbespots, so fällt auf, dass bei Werbespot A ein Rückgang der Aktivität im Präfrontalkortex gegenüber der Vorabmessung zu verzeichnen ist, bei Werbespot B und C dagegen eine zum Teil deutliche Steigerung der Aktivität dieses Areals zu verzeichnen ist. Vergleicht man diese Ergebnisse mit dem tatsächlichen Verhalten, so fällt auf, dass im Falle des Werbespots C die meisten Versuchspersonen die Anti-Rauch-Hotline anriefen, dagegen der Werbespot A kaum auf Resonanz stieß.

B3 Beschreiben Sie die Vorgehensweise bei einer fMRT-Untersuchung!

Die Methode der funktionellen Magnetresonanztomografie gehört zu den bildgebenden Verfahren. Dabei wird die Veränderung der Durchblutung verschiedener Gehirnareale untersucht. Dafür nutzt man die unterschiedlichen magnetischen Eigenschaften des Hämoglobins in den Erythrozyten. Hat Hämoglobin Sauerstoff gebunden, so lässt es sich in einem Magnetfeld von desoxygeniertem Hämoglobin unterscheiden Die Versuchsperson wird während des Scans im Magnetresonanztomografen unterschiedlichen Reizen oder Aufgaben unterzogen. Dann werden die Unterschiede in der Reaktion von Gehirnarealen verglichen.

B4 Diskutieren Sie die Schlussfolgerung der Forscher vor dem Hintergrund der Motivation von Verhalten kritisch!

Auf den ersten Blick sagen die Ergebnisse der fMRT-Studien das spätere Verhalten besser vorher. Die subjektive Einschätzung der Wirksamkeit stimmte dagegen nicht mit der Anzahl der Anrufe bei der Hotline überein. Die Wissenschaftler deuten die Ergebnisse als Hinweis auf die unbewusste Wirksamkeit eines Werbespots auf die Motivation der Probanden, die Anti-Rauch-Hotline anzurufen und vielleicht sogar mit dem Rauchen aufzuhören. Dies lässt sich jedoch so einfach nicht aus den Ergebnissen ableiten. Der Werbespot, der am wenigsten gefiel, hat vielleicht die stärkste negative Emotion hervorgerufen, und verzeichnet deshalb die stärkste Aktivitätsveränderung im Präfrontalkortex. Über die Ursachen der Aktivitätsveränderungen kann nur spekuliert werden. Außerdem wird Verhalten durch sehr verschiedene äußere und innere Faktoren motiviert. Die Handlungsbereitschaft wird zum Beispiel durch den positiven Anreiz eines Reizes, der Erwartung von Belohnung oder der Vermeidung von negativen Folgen, von Emotionen, der Einschätzung der Bedeutung und des Wertes, dem Verlangen, Fähigkeiten und Willen sowie der Umgebung beeinflusst. In dieser Untersuchung kann auch die Ablehnung eine Werbespots die Neugier geweckt haben, die Hotline anzurufen. Ein direkter Zusammenhang zwischen Anrufen der Hotline und der Wirksamkeit der Anti-Rauch-Kampagne kann ebenfalls nicht hergestellt werden.

Andererseits zeigt der Forschungsansatz, dass Fragebogenergebnisse als Ausdruck bewusster Reaktionen, Gehirnaktivitätsveränderung bei der Wahrnehmung und das resultierende Verhalten zu unterschiedlichen Ergebnissen führen. Das stützt die Überlegungen von Motivationspsychologen von der Unterscheidung verschiedener bewusster und unbewusster Verarbeitungsprozesse bei der Entstehung von Handlungsbereitschaft.

Zusatzinformation: Häufig werden aus den Ergebnissen bildgebender Verfahren fehlerhafte Schlussfolgerungen gezogen. Eine zulässige Schlussfolgerung ist folgende: „Wenn die Denkaktivität X beteiligt ist, dann ist die Hirnregion H aktiv“. Wenn also die Versuchspersonen aufgefordert sind, eine kognitive Aktivität, wie zum Beispiel „Betrachten von …“; „Erinnern“; „Rechnen“ durchführen, kann man beobachten, dass dann die Hirnregion H aktiv ist. Auch wenn die Versuchspersonen „Interesse“, „Ablehnung“, „Neugier“, „Angst“ erleben, dann ist Hirnregion H aktiv.

Der Umkehrschluss dagegen ist nicht zulässig, zum Beispiel „Ist bei der Bewältigung der Aufgabe A die Hirnregion H aktiv, so ist der kognitive Vorgang X beteiligt.“ Diesen Verstoß gegen die Regeln der logischen Schlussfolgerung nennt man inverse Inferenz.

5 Endogene und exogene Stoffe

Endorphine

Seite 134–136

1 Erläutern Sie, an welchen Stellen im ZNS Endorphine wie wirken!

Im mesolimbischen System des Gehirns binden Endorphine an spezifische Rezeptoren von GABAergen Neuronen. Dadurch werden diese Neuronen hyperpolarisiert. Durch die Hyperpolarisation wird die Freisetzung des inhibitorischen Transmitters GABA erschwert, sodass die Erregungsweiterleitung der dopaminergen Neuronen weniger gehemmt wird. Dies führt zu einer vermehrten Freisetzung von Dopamin.
Im Mittelhirn werden bei einer Schmerzwahrnehmung inhibitorische Neuronen gehemmt, sodass vom Mittelhirn absteigenden Nervenbahnen aktiver sind, die Serotonin ausschütten.
Im Rückenmark bewirkt die Serotoninausschüttung, dass Interneuronen aktiviert werden. Diese schütten als Transmitter das Endorphin Enkephalin aus, welches präsynaptisch an Rezeptoren der sensorischen Neuronen bindet. So kann durch präsynaptische Hemmung eine Weiterleitung der Erregung über die im Rückenmark aufsteigende Schmerzbahn verhindert werden.

Seite 137 (Material)

Material A – Sport macht glücklich

A1 Werten Sie die beiden Diagramme aus und vergleichen Sie die Ergebnisse mit den Aussagen der Sportler!

Die Diagramme zeigen die Konzentration an ß-Endorphin im Blut in Abhängigkeit von der Zeit bei einem Sportler während und nach der sportlichen Aktivität auf einem Laufband beziehungsweise bei einem Marathonlauf. Auf dem Laufband entwickelt sich die Endorphinkonzentration relativ sprunghaft während der 15-minütigen Übung von ungefähr 8 Pikomol pro Liter auf etwa 30 Pikomol pro Liter. Nach der Übung fällt die Konzentration relativ geradlinig innerhalb von 60 Minuten wieder auf den Ausgangswert zurück. Beim Marathonläufer steigt die Endorphinkonzentration im Blut zunächst allmählich an. Erst nach zwei Stunden verläuft sie etwas steiler und erreicht mit dem Ende des Laufes nach drei Stunden den Höhepunkt von ungefähr 35 Pikomol pro Liter. Nach dem Lauf verringert sich die Endorphinkonzentration zunächst allmählich und erreicht erst nach 24 Stunden wieder den Ausgangswert von 5 Pikomol pro Liter.
Die Untersuchung der Endorphinkonzentration im Blut der Probanden während sportlicher Aktivität legt einen Zusammenhang zwischen der Endorphinausschüttung und dem Runner's High nahe, da die Menge an Endorphin mit der sportlichen Aktivität gesteigert wird und gerade beim Marathon in der kritischen Phase im letzten Drittel besonders hoch ist. Die Untersuchung belegt auch, dass Sportler auch nach der sportlichen Aktivität noch Euphorie empfinden, da die Endorphinkonzentration erst allmählich abnimmt, und zwar umso langsamer, je länger die Aktivität angedauert hat. Besessenheit nach sportlicher Aktivität kann daraus resultieren, dass der Sportler dieses Wohlbefinden nur noch mit dem Sport verknüpft und es auf diese Weise wiedererlangen will.

Material B – Schmerz ist nicht gleich Schmerz

B1 Vergleichen Sie die beiden Nervenfasertypen und erläutern Sie, in welcher Beziehung sie zum Erst- und Zweitschmerz stehen!

Gemeinsamkeiten: Beide Nervenfasern bestehen aus Axonen.
Unterschiede: Das Axon der A-Delta-Nervenfaser ist dicker als das der C-Nervenfaser. Außerdem verfügt das Axon der A-Delta-Nervenfaser im Gegensatz zur C-Nervenfaser über eine Myelinscheide. Daher ist die Leitungsgeschwindigkeit der A-Delta-Nervenfaser höher als die der C-Nervenfaser.
Über die A-Delta-Nervenfasern werden Informationen zum Erstschmerz weitergeleitet, der nur wenige Sekunden andauert. Impulse zum länger anhaltenden Zweitschmerz werden über die langsameren C-Nervenfasern übertragen.

B2 Stellen Sie eine Hypothese auf, welche Reaktion die beiden Schmerztypen jeweils hervorrufen!

Der schnell weitergeleitete und eine hohe Schmerzintensität vermittelnde Erstschmerz führt zu schnellen Abwehrhandlungen und Reflexen, um den Körper schnell vor weiterem Schaden zu schützen. Der lang andauernde und sich erst allmählich steigernde Zweitschmerz führt zu einer Schonhaltung.

Material C – Schmerzmittel

C1 Erklären Sie die Wirkung der Prostaglandine!

Bei einer Verletzung der Haut reagieren die Zellen des beschädigten Gewebes mit der Ausschüttung bestimmter Signalstoffe wie Bradykinin und Prostaglandine. Im Gewebe liegen dünne freie Nervenendigungen, die Nozizeptoren. Diese verfügen über spezifische Membranrezeptoren für die ausgeschütteten Signalstoffe. Bradykinin und Prostaglandine binden an diese Rezeptoren und bewirken so eine Öffnung von Ionenkanälen. Demzufolge strömen Ionen durch die Membran in das Zellinnere, sodass es zu einer Veränderung des elektrischen Potenzials an der Nozizeptorenmembran kommt. Dieses Rezeptorpotenzial wird in Aktionspotenziale umgewandelt, welche über das Rückenmark zum Gehirn geleitet werden.

C2 Stellen Sie eine Hypothese zur Wirkung der Acetylsalicylsäure auf!
Die Synthese der Prostaglandine erfolgt unter anderem durch das Enzym Cyclooxigenase. Acetylsalicylsäure hemmt die Cyclooxigenasefunktion, sodass die Prostaglandinsynthese unterbunden wird. So wird die Entstehung eines Rezeptorpotenzials an den Nozizeptoren verhindert und die Schmerzweiterleitung unterbunden.

Schmerz- und Rauschmittel

Seite 138–140

1 Erklären Sie die schmerzhemmende Wirkung des Morphins!
Bindet Morphin an einen Opioid-Rezeptor, wird das Enzym Adenylatzyklase deaktiviert und damit die Umwandlung von ATP zu cAMP unterbunden. Deshalb sinkt der cAMP-Spiegel nach einer Morphingabe. Dies führt dazu, dass die Kalziumionenkanäle nicht mehr phosphoryliert werden und sich bei Eintreffen eines Aktionspotenzials nicht öffnen. Durch die Inhibierung der Transmitterfreisetzung werden die Aktivität der Nervenzelle und damit die Weiterleitung des Schmerzsignals gehemmt. So kann durch präsynaptische Hemmung eine Weiterleitung der Erregung über die im Rückenmark aufsteigende Schmerzbahn verhindert werden.

2 Erläutern Sie, weshalb eine Erhöhung der Morphindosis nicht zu einer gesteigerten Wirkung führt!
Nach einer Morphingabe sinkt der cAMP-Spiegel. Durch die aufgrund des cAMP-Mangels hervorgerufene Deaktivierung des Transkriptionsfaktors wird das Adenylatzyklase-Gen abgelesen und die Proteinbiosynthese des Enzyms eingeleitet. Damit erhöht sich die Enzymmenge in der Membran. Der cAMP-Mangel kann kompensiert werden. Da nun mehr Enzyme zur cAMP-Synthese vorhanden sind, muss anschließend eine erhöhte Morphindosis gegeben werden, wenn man eine ähnliche Wirkung erzeugen will. Denn bei der gleichen Dosis blieben Adenylatzyklasen aktiv und würden dazu beitragen, den cAMP-Spiegel nicht so stark sinken zulassen. Daher kann auch trotz höherer Dosis keine gesteigerte Wirkung eintreten.

Seite 141 (Material)

Material A – Heroin

A1 Erläutern Sie anhand des Modells die Wirkung von Naloxon und dessen Einsatzmöglichkeit bei einer Heroinvergiftung!
Naloxon reagiert mit der inaktiven Form des Opioid-Rezeptors. Es konkurriert als Antagonist mit Heroin um die Bindungsstelle am Rezeptor und kann es aufgrund seiner hohen Affinität zur Bindungsstelle sogar daraus verdrängen. Bei einer Heroinvergiftung wird so die Wirkung des Heroins herabgesetzt, sodass lebensbedrohliche Folgen wie zum Beispiel ein Atemstillstand verhindert werden können.

A2 Erläutern Sie die Wirkung des Methadons und dessen Einsatz bei einer Heroinentzugstherapie!
Methadon bindet wie Heroin an die Opioid-Rezeptoren und wirkt als Agonist. Es löst dadurch eine ähnliche euphorisierende Wirkung aus wie Heroin. Da es aber deutlich langsamer als Heroin ins Gehirn übergeht, erlebt der Abhängige bei der Einnahme von Methadon nicht den typischen „Heroinkick". Das Methadon muss nur einmal täglich genommen werden. Durch die euphorisierende und schmerzstillende Wirkung mindert Methadon die Entzugserscheinungen einer Heroinentzugstherapie. Dies ermöglicht dem Substitutionspatienten seinen Alltag immer besser zu bewältigen. Nach 21 Tagen fallen die Entzugssymptome weg und der Betroffene fühlt sich nicht mehr ruhiggestellt durch die Substanz. Psychisch und physisch ist er nun weder durch den Heroinentzug noch durch das Methadon beeinträchtigt und hat somit die Kontrolle über seine geistigen und körperlichen Kräfte. Dies ermöglicht ihm, wieder in der Gesellschaft Fuß zu fassen und sein Leben zurückzugewinnen und ein normales Leben mit festem Wohnsitz und Erwerbstätigkeit zu führen. So haben methadonsubstituierte Abhängige die Chance, Abstand zur Drogenszene zu gewinnen und die häufig mit der Abhängigkeit einhergehende Prostitution und Beschaffungskriminalität aufzugeben.

Material B – Kokain

B1 Erläutern Sie die molekulare Wirkung des Kokains!
An einer dopaminergen Synapse wird der Transmitter Dopamin aus den synaptischen Vesikeln in den synaptischen Spalt entlassen, diffundiert zur postsynaptischen Membran und bindet an Dopamin-Rezeptoren, sodass die Erregung weitergeleitet werden kann. Ein Transportprotein in der präsynaptischen Membran sorgt für die Wiederaufnahme des Dopamins in die präsynaptische Zelle zur Wiederverwendung. Wenn Kokain im synaptischen Spalt vorhanden ist, setzen sich die Kokainmoleküle am Transportprotein fest, werden aber nicht transportiert, sondern blockieren dieses. Daher können nun Dopaminmoleküle nicht mehr in die Präsynapse wiederaufgenommen werden.

B2 Erklären Sie die stimulierende Wirkung des Kokains!

Da Kokain die Wiederaufnahme von Dopamin in die Präsynapse verhindert, kommt es zu einer länger andauernden hohen Dopaminkonzentration im synaptischen Spalt. Dadurch binden Dopaminmoleküle immer wieder an die Rezeptoren der postsynaptischen Membran und lösen eine verstärkte Erregungsleitung aus. Da Dopamin als umgangssprachliches Glückshormon eine Antriebssteigerung und Motivation bewirkt, kommt es durch den Einfluss des Kokains zu einer stimulierenden Wirkung mit einem entsprechenden euphorischen Hochgefühl.

Material C – Koffein

C1 Deuten Sie die Versuchsergebnisse!

Während die Ratten der Gruppe B, denen kein Koffein verabreicht wurde, weder in ihrem Verhalten noch in der Anzahl der Adenosin-Rezeptoren eine Veränderung im Versuchsverlauf zeigten, änderte sich das Verhalten der Ratten der Gruppe A durch den Koffeinkonsum in den ersten Tagen deutlich. Sie rannten zunächst rastlos umher und legten dieses Verhalten erst nach wenigen Tagen wieder ab. Die Anzahl der Adenosin-Rezeptoren hat sich deutlich erhöht. Offenbar bewirkt der Koffeinkonsum einen gesteigerten Bewegungsdrang mit verminderten Müdigkeitserscheinungen. Dies steht wohl in Zusammenhang mit dem Neurotransmitter Adenosin und dessen Rezeptoren. Je nach Wirkung des Adenosins könnte Koffein als Agonist oder Antagonist wirken. Erst durch eine Zunahme der Adenosin-Rezeptoren verliert Koffein an Wirksamkeit.

C2 Recherchieren Sie die Wirkung von Adenosin auf das Gehirn!

Adenosin ist ein Neuromodulator und verhindert im Gehirn durch die Bindung an Adenosin-Rezeptoren die Freisetzung neuronaler Transmitter wie Noradrenalin oder Dopamin, die aktivierend wirken. Durch Adenosin verringert sich die Herzfrequenz und der Blutdruck sinkt. Man wird müde. Koffein ist der kompetitive Antagonist des Adenosins, der dessen Wirkung verhindert und damit die Ermüdungserscheinungen verringert.

Drogenwirkung

Seite 142–144

1 Erläutern Sie das Experiment zur Klärung der Wirkung des THC auf den Hippocampus!

Im Hippocampus existieren sowohl an den Neuronen als auch an den Astrozyten Rezeptoren, an die THC bindet. Unter Einfluss von THC wird das räumliche Arbeitsgedächtnis von Mäusen beeinträchtigt, sodass sie bereits erlernte Wege durch ein Labyrinth nicht mehr finden.

Um herauszufinden, welche Rolle die Rezeptoren an den Astrozyten spielen, wurden gezielt Gene abgeschaltet, welche für die Amandamid-Rezeptoren codieren. Fehlen diese Rezeptoren an den Neuronen, wird das Gedächtnis ebenso beeinträchtigt wie bei nicht gentechnisch veränderten Mäusen: Sie finden den Weg nicht. Fehlen die Rezeptoren allerdings an den Astrozyten, wirkt das THC nicht auf das Gedächtnis und die Mäuse finden den erlernten Weg wieder. Daraus konnte man schlussfolgern, dass THC an die Rezeptoren der Astrozyten bindet und damit eine Reaktionskaskade in Gang setzt, die zur Störung des Arbeitsgedächtnisses führt.

Seite 145 (Material)

Material A – Legalisierung von Cannabis

A1 Recherchieren Sie weitere Argumente und deren Hintergründe im Internet!

Die Rechercheaufgabe dient dazu, dass sich die Schülerinnen und Schüler mit weiteren Argumenten der aktuellen Diskussion vertraut machen, sie besser verstehen und für eine persönliche Bewertung nutzen können.

A2 Ordnen Sie den Argumenten die entsprechenden Werte zu!

Die Zuordnung der Werte aus dem Wertepool kann zu unterschiedlichen Ergebnissen führen. Daher sind die folgenden Zuordnungen exemplarisch zu verstehen.

Eine Zustimmung zur Legalisierung von Cannabis kann aus der Perspektive des Individuums Werte wie Selbstbestimmung, Freiheit und Lebensqualität betreffen. Im Vergleich zur legalen Droge Alkohol kann auch die Gerechtigkeit eine Rolle spielen. Die Verweise auf kriminalisierte Beschaffungswege, verunreinigte Cannabisprodukte und synthetische Cannabinoide betreffen die Gesundheit und Sicherheit.

Für die Ablehnung der Legalisierung sprechen Argumente, die sich ebenfalls auf den Wert der Gesundheit und Sicherheit beziehen, wenn auf die Gefahr der Abhängigkeit und möglicher Entwicklungsstörungen sowie auf das Krebsrisiko hingewiesen wird. Argumente, die auf die Gefährdung der Jugend und das gesamtgesellschaftliche Wohl zielen, lassen sich vor allem dem Wert Verantwortung zuordnen.

A3 Fällen Sie Ihr persönliches Werturteil und erläutern Sie die gesellschaftlichen Konsequenzen!

Die Bearbeitung dieser Aufgabe lässt alternative Lösungen zu.

Ein mögliches Werturteil gegen die Legalisierung von Cannabis kann mit der Verhinderung des vermehrten Drogenkonsums vor allem durch Jugendliche begründet werden, deren Entwicklung durch die Einwirkung von THC nachhaltig beeinträchtigt wird. Argumente, die auf die Unabhängigkeit und Selbstbestimmung des Individuums abzielen, können mit dem Wert der Demut und

Verantwortung des Einzelnen für die Gesellschaft zurückgewiesen werden.

Zusatzinformation: Die Bewertung der strittigen Frage nach der Legalisierung von Cannabis erlaubt unterschiedliche unterrichtsmethodische Herangehensweisen. So besteht die Möglichkeit, das Material als Grundlage für eine „strukturierte Kontroverse" (vgl. Brüning, L. & Saum, T. (2009). Erfolgreich unterrichten durch Kooperatives Lernen 2, S. 27 ff.), bei der die Schülerinnen und Schüler nacheinander beide Positionen vertreten müssen, oder für die Durchführung eines Rollenspiels zu nutzen.

Didaktische Informationen zu Bewertungsaufgaben finden Sie beispielsweise in folgenden Publikationen:

Barkmann, J. & Bögeholz, S. (2003). Kompetent gestalten, wenn es komplexer wird „21" – Bildung für eine nachhaltige Entwicklung, 3, 49–52

Eggert, S. & Bögeholz, S. (2006). Göttinger Modell der Bewertungskompetenz – Teilkompetenz „Bewerten, Entscheiden und Reflektieren" für Gestaltungsaufgaben nachhaltiger Entwicklung.

Hostenbach, J.; Fischer, H.E.; Kauertz, A.; Mayer, J.; Sumfleth, E. & Walpuski, M. (2011). Modellierung der Bewertungskompetenz in den Naturwissenschaften zur Evaluation der Nationalen Bildungsstandards.

Zeitschrift für Didaktik der Naturwissenschaften, 12, 177–197

Zeitschrift für Didaktik der Naturwissenschaften, 17, 261–288

Seite 148–149 (Klausurtrainer)

Training A – Autoaggressives Verhalten

a Nennen Sie Gründe für autoaggressives Verhalten!

Autoaggressives Verhalten bei Jugendlichen ist häufig Ausdruck einer starken seelischen Belastung und manchmal ein ernst zu nehmendes Zeichen einer zugrunde liegenden psychischen Erkrankung. Es entsteht häufig als Reaktion auf belastende Umstände wie beispielsweise durch familiäre Schwierigkeiten, das Ende einer Partnerschaft oder auch ein sexuelles Missbrauchserlebnis. Jugendliche, die sich selbst verletzen, scheinen zum großen Teil Schwierigkeiten zu haben, mit ihren Gefühlen umzugehen oder diese zu kontrollieren. Dann erscheint die Selbstverletzung als ein Ventil, als Möglichkeit, innere Spannung abzubauen oder auch sich selbst zu bestrafen. Es ist für manche die subjektiv einzige Möglichkeit, mit Problemen oder schmerzlichen Erlebnissen umzugehen – eine Art Bewältigungsstrategie. Diese Strategie erweist sich jedoch als ungünstig, denn autoaggressives Verhalten kann zwar kurzfristig zum Abbau psychischer Spannungen beitragen, vor allem, was die Reduktion von Groll, Wut, Zorn, aber auch Angst und depressive Gefühle anbelangt. Es können danach sogar positive Gefühle wie Entspannung und Ruhe auftreten. Allerdings werden auch schon relativ früh und zumindest bei einem Teil der Betroffenen Schamgefühle entwickelt, die ihrerseits in einen Teufelskreis münden.

b Erklären Sie die Wirkung von Endorphinen auf die Weiterleitung von Schmerzsignalen!

Nach der Wahrnehmung eines Schmerzes initiiert der Präfrontalkortex die Ausschüttung von Endorphinen. Dadurch werden inhibitorische Neuronen im Mittelhirn gehemmt. Daraus folgt eine erhöhte Aktivität der vom Mittelhirn absteigenden Nervenbahnen, die Serotonin ausschütten und somit Interneuronen im Rückenmark aktivieren. Diese schütten als Transmitter das Endorphin Enkephalin aus, welches präsynaptisch an Rezeptoren der sensorischen Neuronen bindet. Über diese Neuronen laufen die Signale der Nozizeptoren, die sich als freie Nervenendigungen zum überwiegenden Teil in der Haut befinden und mechanische Reize aufnehmen. Über die präsynaptische Hemmung wird eine Weiterleitung der Erregung über die im Rückenmark aufsteigende Schmerzbahn verhindert.

c Erläutern Sie unter Berücksichtigung der zellulären Ebene, wie bei autoaggressivem Verhalten ein Suchtverhalten entstehen kann!

Während einer Verletzung schüttet der Körper Endorphine aus, die zunächst zu einer Schmerzunterdrückung führen. Diese Ausschüttung der Endorphine führt im Gehirn auch zu einer erhöhten Ausschüttung des Neurotransmitters Dopamin, welcher das subjektive Glücksgefühl unterstützt. Provoziert man die positiven Gefühle nun häufig und immer wieder, prägt sich das Gehirn die Verknüpfung von autoaggressivem Verhalten und positiven Gefühlen ein: Es bildet sich ein Suchtgedächtnis aus und man entwickelt ein Verlangen nach wiederkehrendem Verhalten.

d Diskutieren Sie, welche medizinischen Maßnahmen zur Behandlung autoaggressiven Verhaltens sinnvoll erscheinen und wie Sie als Freund oder Freundin betroffene Menschen unterstützen könnten!

Da autoaggressives Verhalten auch ein Anzeichen für eine psychische Erkrankung sein kann, empfiehlt sich eine psychotherapeutische Behandlung. Im Umgang mit den Jugendlichen ist es wichtig, ihnen deutlich zu machen, dass sie als Person akzeptiert werden, auch wenn man das Verhalten nicht akzeptieren kann. Dennoch sollte man das Verhalten nicht verurteilen, sondern Verständnis für die Situation und die Gefühle der Betroffenen entwickeln und auch die Worte der Betroffenen für ihr Verhalten verwenden, anstatt von autoaggressivem Verhalten oder Selbstverletzung zu sprechen. Für sie ist es wichtig zu erkennen, dass es Menschen gibt, die sich um sie Gedanken machen und die ihnen zuhören. Um einen solchen vertrauensvollen Umgang zu ermöglichen, sind ablehnende Reaktionen, Drohungen oder Ultimaten zu vermeiden.

Training B – Schilddrüse

a Beschreiben Sie den Bau der Schilddrüse!
Die Schilddrüse liegt unter dem Kehlkopf und besteht aus zwei größeren Drüsenlappen, die zu beiden Seiten der Luftröhre liegen und über eine schmalere Gewebebrücke miteinander verbunden sind. Dies gibt der Schilddrüse ein schmetterlingsförmiges Aussehen.

b Erläutern Sie die Regulation der Thyroxinsynthese mithilfe des Regelkreisschemas!
Durch äußere Einflüsse wie beispielsweise die Temperatur angeregt wird über den Hypothalamus als Führungsglied, welches den Sollwert vorgibt, das Thyreotropin-Releasing-Hormon, kurz TRH, gebildet und zu den Drüsenzellen der Hypophyse, dem Regler, transportiert. Dort regt es die Produktion von Thyreotropin, kurz TSH, an. Damit gibt der Regler über den Stellwert einen Befehl zur Änderung der Stellgröße, hier der Thyroxinmenge, durch das Stellglied, die Schilddrüse. Denn TSH gelangt im Blut zur Schilddrüse und aktiviert die Schilddrüsenzellen, welche Thyroxin herstellen. Dadurch wird die Regelgröße, nämlich die Thyroxinkonzentration im Blut, verändert. Die Regelgröße wird vom Messglied, den Rezeptoren der Hypophyse überprüft. Bei Abweichungen wird über den Regler die Erhöhung der Konzentration angeregt oder durch negative Rückkopplung die TRH- und TSH-Freisetzung gehemmt. Zirkuliert also viel Thyroxin im Blut, wird weniger TSH hergestellt, sodass die Thyroxinproduktion verringert wird.

c Erklären Sie unter Berücksichtigung der Funktion der Schilddrüse, weshalb die Bildung einer Struma auf Iodmangel zurückgeführt werden kann!
Thyroxin wird aus zwei Tyrosinmolekülen gebildet, an die jeweils zwei Iodatome gebunden sind. Daher kann ohne Iod kein Thyroxin produziert werden. Bei Iodmangel werden immer mehr Schilddrüsenzellen produziert, um den Thyroxinmangel auszugleichen. Daher führt Iodmangel in der Nahrung durch das Zellwachstum zu Knoten- und Kropfbildung in der Schilddrüse und zu einer Schilddrüsenunterfunktion.

d Die Thyroxinmenge im Blut eines Kaninchens wurde bei verschiedenen Umgebungstemperaturen gemessen. Werten Sie die Tabelle mit den gemessenen Thyroxinwerten in Abhängigkeit von der Umgebungstemperatur aus!
Der Tabelle ist zu entnehmen, dass die Thyroxinmenge im Blut umso höher ist, je niedriger die Außentemperatur ist. Dies ist damit zu erklären, dass bei geringer Außentemperatur über den Hypothalamus das Hormon TRH freigesetzt wird, welches die Bildung und anschließende Freisetzung des Hormons TSH bewirkt. TSH fördert in der Schilddrüse die Produktion und Freisetzung des Thyroxins, dessen höhere Konzentration im Blut gemessen werden kann. Thyroxin stimuliert den Energiestoffwechsel in den Zellen und bewirkt damit auch eine höhere Wärmeproduktion, sodass trotz niedriger Außentemperatur die Körpertemperatur des gleichwarmen Kaninchens konstant gehalten wird.

Verhalten und Kognition

1 Verhaltensforschung

Untersuchung von Verhalten

Seite 154–156

1 Beschreiben Sie am Beispiel eines bellenden Hundes, welche proximaten und ultimaten Ursachen das Verhalten hat!
Als proximate Ursachen können viele Ursachen genannt werden. Beispiele dafür sind genetische, hormonelle und anatomische Voraussetzungen. Die anatomische Voraussetzung liegt in einem Kehlkopf, der ein Bellen ermöglicht.
Die ultimaten Ursachen sind in der Funktion des Bellens und in der Stammesgeschichte der Hunde begründet. Das Bellen erfüllt unterschiedlichste kommunikative Funktionen in der Gruppe, wie beispielsweise das Angst-, Aufmerksamkeits- oder das Verteidigungsbellen.
Zusatzinformation: Bei Wölfen kann man das Bellen vor allem in der Welpenphase beobachten. Adulte Wölfe bellen dagegen nur noch, wenn sich fremde Individuen dem Rudel nähern. Hunde wurden vermutlich darauf selektiert, wie bellfreudig sie waren.

2 Erläutern Sie die verschiedenen Untersuchungsmethoden der Verhaltensbiologen!
Durch Beobachtungen im Freiland kann ein Verhaltensbiologe den Typ und die Häufigkeit bestimmter Verhaltensweisen einer Art protokollieren. Dabei muss darauf geachtet werden, dass diese zuvor möglichst exakt definiert und gegeneinander abgegrenzt werden. Ein derartiger Verhaltenskatalog sollte frei von Interpretationen sein. Ein solches Verhaltensprotokoll nennt man Ethogramm. Denkbar sind auch experimentelle Veränderungen im Lebensraum und die anschließende Beobachtung der sich daraus ergebenden Konsequenzen. Solche experimentellen Anordnungen sind unter Umständen auch unter Laborbedingungen durchführbar.
Bei Laboruntersuchungen lassen sich ferner verwandtschaftliche Verhältnisse klären. Dies ist beispielsweise durch DNA-Sequenzierungen möglich. Durch Messungen des Hormonspiegels können Aussagen zu proximaten Ursachen des Verhaltens getroffen werden.
Durch Kosten-Nutzen-Analysen und Simulationen am Computermodell lässt sich der evolutionäre Nutzen von Verhaltensmustern aufzeigen.

3 Nennen Sie eine Verhaltensweise, die zur Homöostase beiträgt, und erläutern Sie diese!
Eine Verhaltensweise zur Aufrechterhaltung eines Gleichgewichtszustands ist zum Beispiel die Aufnahme von Nahrung. Sinkt der Blutglukosespiegel, wird dieser Mangelzustand an das Gehirn gemeldet. Daraufhin steigt die Motivation, nach Nahrung zu suchen. Nach der Nahrungsaufnahme steigt der Blutglukosegehalt wieder. Es entsteht ein Sättigungsgefühl.
Das Hecheln der Hunde dient der Thermoregulation. Dabei flacht der Atem ab und die Atemfrequenz erhöht sich. Die wenigen Schweißdrüsen des Hundes würden zur Abkühlung nicht reichen.
Von Eidechsen kennt man das „Sonnenbaden" auf warmen Steinen, um den Körper aufzuwärmen. Als wechselwarme Tiere sind sie auf diese passive Körpererwärmung angewiesen, um anschließend beispielsweise jagen zu können.

Seite 157 (Material)

Material A – Fortpflanzung der Buntbarsche

A1 Beschreiben Sie das von den Weibchen gezeigte Verhalten!
Die Weibchen laichen in den von den Männchen angelegten Bodenmulden ab. Kurz darauf werden die orangefarbenen Eier vom Weibchen in das Maul aufgenommen. Das Weibchen versucht auch die orangefarbenen Tupfen von der Afterflosse des Männchens aufzunehmen. Dabei gelangt das Sperma (Fischmilch) des Männchens in das Maul des Weibchens und befruchtet dort die Eier (Rogen).

A2 Formulieren Sie eine Hypothese zur proximaten und zur ultimaten Ursache der orangefarbenen Tupfen auf der Afterflosse der Männchen!
Es traten Mutationen auf, die zur Folge hatten, dass in den Afterflossen der männlichen Buntbarsche Farbpigmente eingelagert wurden, die den weiblichen Eiern ähnlich sehen. Diese Mutationen stellen eine proximate Ursache dar, da sie für die unmittelbare Ausprägung der Tupfen verantwortlich sind.
Die ultimate Ursache für das Überdauern der Merkmalsausprägung ist der erhöhte Fortpflanzungserfolg der Individuen mit Tupfen gegenüber jenen, die keine Tupfen tragen. Durch die Spermaabgabe in der unmittelbaren Nähe des Mauls und somit der Eier wird sichergestellt, dass die Spermienzellen die Eizellen befruchten.

A3 Entwerfen Sie ein Kontrollexperiment zur Überprüfung Ihrer Hypothesen!
Mit Attrappen- und Präferenzwahlversuchen lässt sich feststellen ob die Tupfen auf der Afterflosse zu einem veränderten Fortpflanzungs- beziehungsweise Besamungserfolg führen. Auch Untersuchungen mit ver-

deckten Tupfen sind denkbar. Falls schon vertiefte Kenntnisse der Genetik vorliegen: Mithilfe von Knockout-Mutanten oder Silencer-Sequenzen kann man den Fortpflanzungs- beziehungsweise Besamungserfolg mit dem des Wildtyps vergleichen. In einem zweiten Schritt kann man den Knockout-Varianten künstliche Punkte auf die Afterflosse applizieren.

Material B – Rufe von Präriehunden

B1 Vergleichen Sie die im Diagramm dargestellten Rufe!

Gemeinsamkeiten: Die Rufe sind mit 0,2 Sekunden ungefähr alle gleich lang. Der grundsätzliche Verlauf der einzelnen Frequenzbänder ist bei allen Rufen gleich: Nach dem sehr schnellen Anstieg innerhalb von 0,05 Sekunden sinkt die Frequenz unmittelbar während der folgenden 0,15 Sekunden auf den Ausgangswert.
Unterschiede: Bei den Rufen b, d und e überlagern sich mehr Frequenzbereiche als bei den zwei anderen Rufen.

B2 Erläutern Sie die Bedeutung der Rufe a und b für die Präriehundkolonie!

Bei den Rufen handelt es sich um verschiedene Warnrufe. Auf diese Weise können die sozial lebenden Präriehunde auf unterschiedliche Beutegreifertypen unterschiedlich reagieren. Der aus der Luft angreifende Bussard erfordert eine andere Reaktion als ein Kojote, der unter Umständen eine längere Zeit den Präriehunden an ihren Erdhöhlen auflauert.
Zusatzinformation: Die Warnrufe scheinen universelle Signale der Präriehunde zu sein. Aufgenommene Warnrufe, die in anderen Kolonien wieder abgespielt wurden, führten bei den Koloniebewohnern zu sehr ähnlichen Reaktionen. Die Rufe müssen von den Jungtieren allerdings erst erlernt werden. Von adulten Tieren getrennt aufgewachsene Tiere können solche Warnrufe nicht hervorbringen.

B3 Interpretieren Sie die Unterschiede und Gemeinsamkeiten in den Rufen c bis e!

Offenbar können Präriehunde in ihren Rufen auch Informationen für ihre Artgenossen codieren, die über „Bodenfeind" und „Luftfeind" hinausgehen. Selbst Objekte, die anscheinend keine Gefahr darstellen, werden von den Tieren mit Rufen „kommentiert". Gelbe und grüne Objekte können von den Tieren offenbar nicht unterschieden werden.
Zusatzinformation: Präriehunde haben in ihrer Netzhaut nur zwei Zapfentypen. Sie verfügen also über ein dichromatisches Farbsystem und können tatsächlich gelb und grün nicht unterscheiden.

Einflüsse auf das Verhalten

Seite 160–162

1 Erläutern Sie die interaktive Entwicklung von Verhalten am Beispiel der Bienen!

Die Verhaltensentwicklung einer Arbeiterin kann als Wechselspiel der genetischen Informationen mit den Umwelteinflüssen verstanden werden. Am deutlichsten wird dies bei der Entwicklung von der Amme zur Sammlerin. Das Verhalten der Sammelbienen wird erst bei einem hohen Spiegel des Juvenilhormons in der Hämolymphe der Ammen ausgeprägt. Die Produktion dieses Hormons in den Ammenbienen wird aber durch die Sammelbienen verlangsamt. Sammelbienen bilden Ethyloleat und verfüttern dieses am Stock zusammen mit der eingebrachten Tracht an die Ammenbienen. Die Ammen nehmen Ethyloleat auf, wodurch die körpereigene Produktion des Juvenilhormons und somit die eigene Reifung zu Sammelbienen gehemmt wird. Nimmt die Anzahl der Sammelbienen ab, so sinkt auch die Menge des mitverfütterten Ethyloleats. Daraufhin steigt der Juvenilhormonspiegel in den älteren Ammenbienen und diese zeigen nach kurzer Zeit das Verhalten von Sammelbienen.

2 Erläutern Sie die Bedeutung von Umwelt und Genen für das Verhalten der Zwergbarsche und der Mäuse!

Zwergbarsche können ihre Färbung an die sie umgebenden Riffbarsche anpassen. Dazu müssen sie in der Lage sein, die Farbe der Riffbarsche wahrzunehmen und selbst eine entsprechende Färbung auszubilden. Erstes erfordert ein visuelles System mit entsprechenden Sehpigmenten, letzteres einen Mechanismus des Farbwechsels der Hautzellen. Ein Signal aus der Umwelt der Fische führt zu einem Anpassungsverhalten der Zwergbarsche.
Den fosB-Knockout-Mäusen fehlt dagegen die genetische Grundlage für das Verhalten. Aufgrund des Gendefekts sind die Weibchen nicht in der Lage ihren Nachwuchs zu erkennen und diesen entsprechend zu versorgen.
Zusatzinformation: Die proximaten Ursachen für den Mimikryprozess der Zwergbarsche sind bislang unerforscht. Da die Farbanpassung aber einige Tage dauert, ist es denkbar, dass die Farbpigmente der Hautzellen neu gebildet werden.

Seite 163 (Material)

Material A – Gangarten bei Pferden

A1 Beschreiben Sie die Ergebnisse der genetischen Untersuchung!

Bei Araber- und Przewalski-Pferden sowie Shetland Ponys ist die Mutation im Regulationsgen nicht zu finden. Bei Islandpferden und Kentucky Mountain

Saddle Horses ist die Mutation sehr häufig, beim Paso Fino liegt sie immer vor.
Dreigangpferderassen haben also keine Mutation im Regulationsgen. Pferderassen mit vier oder mehr Gängen haben die Mutation.

A2 Diskutieren Sie die Möglichkeit, einem Araberpferd das Tölten beizubringen!
Den Araberpferden fehlt die Mutation im Regulationsgen. Diese scheint für die zusätzlichen Gangarten notwendig zu sein: Alle Pferde mit zusätzlichen Gängen weisen eine Mutation dieses Gens auf. Dagegen beherrschen sämtliche Pferde ohne diese Mutation lediglich drei Gänge.
Da dem Araberpferd die genetische Voraussetzung für die zusätzliche Gangart fehlt, dürfte es nicht möglich sein, ihm eine Gangart wie Tölt beizubringen. Es sei denn, das Tier hat zufällig ein mutiertes Regulationsgen.
Zusatzinformation: Pferderassen, die für Trabrennen eingesetzt werden, haben ebenfalls häufig die untersuchte Mutation. Diese Pferde wechseln nach entsprechender Ausbildung auch bei hohen Geschwindigkeiten nicht in den Galopp.

A3 Formulieren Sie eine Hypothese, wie sich das Gangverhalten der Pferderassen durchsetzen konnte!
Die Merkmale der unterschiedlichen Pferderassen sind stark durch die Züchtung beeinflusst. Die speziellen Gangarten der Gangpferde zielen immer auf eine gleichmäßige Bewegung ab, die dem Reiter ein erschütterungsarmes Reiten ermöglichen soll.
Unter natürlichen Bedingungen hätten sich vermutlich keine Gangpferderassen herausgebildet, da die Gänge keinerlei Selektionsvorteil bieten.

Material B – Dufterkennung der Belding-Ziesel

B1 Beschreiben Sie die Ergebnisse des Versuchs!
Die Belding-Ziesel, die nicht miteinander verwandt sind, zeigen in allen Versuchsanordnungen eine nahezu identische Anzahl aggressiver Auseinandersetzungen. Bei Geschwistertieren ist die Anzahl der aggressiven Auseinandersetzungen zwischen gleichgeschlechtlichen Tieren niedriger als bei gemischt geschlechtlichen Paaren. Dabei sind weibliche Geschwisterpaare weniger aggressiv als männliche Geschwisterpaare. Gemischt geschlechtliche Geschwisterpaare sind sogar aggressiver als nicht verwandte Paare.

B2 Interpretieren Sie die Versuchsergebnisse vor dem Hintergrund der natürlichen Lebensweise der Belding-Ziesel!
Die Belding-Ziesel sind anscheinend in der Lage, ihre Verwandten zu identifizieren. Vermutlich können sie den Verwandtschaftsgrad anhand des Geruchs erkennen. Auf diese Weise können die Tiere die Verpaarung mit Geschwistertieren vermeiden.

2 Erwerb und Speicherung von Informationen

Lernen und Gedächtnis

Seite 164–166

1 Denken Sie einige Minuten an Ihre Zeit in der Grundschule! Notieren Sie anschließend Dinge, die Ihnen besonders in Erinnerung geblieben sind!
Individuelle Schülerantwort. Es kann beispielsweise genannt werden: Personen, Orte, Farben, Gerüche, Szenen, besonders positive oder negative Erinnerungen.

2 Ordnen Sie diese Erinnerungen den drei Gedächtnissystemen zu! Benennen Sie Auffälligkeiten und gegebenenfalls Schwierigkeiten!
Eine Zuordnung zu den drei Gedächtnissystemen kann im Einzelfall eindeutig ausfallen oder schwierig sein. Hier können Komponenten für die Zuordnung zu mehreren Systemen diskutiert und die Individualität von Gedächtnisleistungen herausgestellt werden.

Seite 167 (Material)

Material A – Lernen von Wortlisten

A1 Beschreiben Sie die Ergebnisse!
Dargestellt ist jeweils der prozentuale Anteil der richtigen Antworten in Abhängigkeit von der Anzahl der Durchgänge. Beim Auswendiglernen einer Wortliste (Abbildung A – Erwerb) werden sieben Durchgänge benötigt, um knapp 100 Prozent der gelernten Wörter richtig wiederzugeben. Nach dem Auswendiglernen einer zweiten Wortliste werden beim dritten Durchgang weniger als 20 Prozent der Wörter der ersten Wortliste richtig wiedergegeben (Abbildung B – Auslöschung). Nach erneutem Auswendiglernen der ersten Wortliste (Abbildung C – Wiedererwerb) werden nach vier Durchgängen fast 100 Prozent richtige Antworten gegeben.

A2 Deuten Sie die Ergebnisse im Hinblick auf die neuronale Plastizität des Gehirns!
Vergleicht man die Ergebnisse von Versuch A und C, so wird deutlich, dass die Anzahl der Versuche, die benötigt werden, um annähernd 100 Prozent richtige Antworten

zu geben, durch wiederholtes Lernen von sieben auf vier sinkt. Trotz der Auslöschung durch das Lernen der anderen Wortliste scheint die Gedächtnisleistung im Vergleich zum ersten Lernen erhöht zu sein. Hier haben schon Prozesse von Bahnung und Langzeitpotenzierung stattgefunden, die eine Gedächtnisleistung und damit eine Veränderung der neuronalen Prozesse deutlich machen. Durch Vergrößerung der synaptischen Kontaktfläche, eine erhöhte Vesikelanzahl und eine erhöhte Anzahl von postsynaptischen Ionenkanälen wird die synaptische Übertragung gesteigert. Dies nennt man Langzeitpotenzierung. Aufgrund von Wiederholung von zum Beispiel Bewegungsabläufen werden die zugrunde liegenden neuronalen Verknüpfungen durch die Bildung neuer Synapsen verstärkt. Durch diese Bahnung werden Signale schneller übertragen. Sowohl Langzeitpotenzierung als auch Bahnung sind die Grundlage von Lernvorgängen.

Versuch B – Abhängigkeit der Gedächtnisleistung von der Verarbeitungstiefe

B1 Notieren Sie nach drei Tagen die Wörter, an die Sie sich erinnern können!
Individuelle Schülerantwort

B2 Ermitteln Sie die durchschnittliche Behaltensleistung der Gruppen in Prozent!
Berechnung der Durchschnittszahlen in Prozent. Individuelle Schülerantwort

B3 Stellen Sie das Ergebnis grafisch dar!
Darstellung in Anlehnung an die Diagramme in Material A oder als Balkendiagramm. Individuelle Schülerantwort

B4 Diskutieren Sie das Ergebnis im Hinblick auf die Komplexität der Aufgabe!
Der Grad der Verarbeitungstiefe steigt von Gruppe I bis Gruppe III. Insofern ist zu erwarten, dass die Gruppen II und III bessere Behaltensleistungen zeigen als Gruppe I, da die Komplexität der Aufgabe steigt und jeweils mehr Gehirnareale aktiviert werden, die an dem Lernprozess beteiligt sind. Allgemein gilt: Je höher der Grad der Verarbeitungstiefe ist, desto höher ist auch in der Regel die Gedächtnisleistung.

Molekulare Grundlagen des Lernens

Seite 168–170

1 Geben Sie je ein Beispiel aus Ihrem Alltag an, bei dem der Vorgang der Habituation und der Sensitivierung wirkt!
Beispiele für Habituation: Kleidung oder eine Brille, die man nicht mehr spürt; Gerüche, die man nach Verweilen in einem Raum nicht mehr wahrnimmt; tägliche Geräusche wie nächtlicher Straßenverkehr
Beispiele für Sensitivierung finden sich im Alltag eher selten, da der schmerzhafte oder schädigende Reiz in der Regel vermieden wird. Würde man wiederholt eine heiße Herdplatte berühren, würde der Reflex, die Hand zurückzuziehen, wesentlich stärker erfolgen.

2 Stellen Sie den Verlauf der Kurzzeitsensitivierung und der Langzeitsensitivierung in einem Flussdiagramm beginnend bei der Serotoninausschüttung dar!
Kurzzeitsensitivierung:

Serotoninausschüttung
⇩
kürzere Öffnung der Kaliumionenkanäle und längere Öffnung der Kalziumionenkanäle
⇩
Aktivierung der Proteinkinasen
⇩
vermehrter Vesikeltransport

Langzeitsensitivierung:

Serotoninausschüttung
⇩
cAMP-Kaskade
⇩
Aktivierung der Proteinkinasen
⇩
Aktivierung der CREB-Proteine
⇩
Genexpression verschiedener Proteine
⇩
1. dauerhafte Aktivierung der Proteinkinasen, 2. Synapsenwachstum, 3. Bildung neuer Synapsen

3 Erläutern Sie die Kaskadenwirkung bei der Kurzzeitsensitivierung!
Ein Molekül Serotonin aktiviert einen G-Protein-Adenylatzyklase-Komplex. Die Adenylatzyklase aktiviert viele cAMP-Moleküle. Ein cAMP-Molekül wiederum aktiviert viele Kaliumionenkanäle und viele Proteinkinasen. So entsteht eine vielfache Verstärkung, die als Kaskade bezeichnet wird.

Seite 171 (Material)

Material A – Langzeitsensitivierung bei *Aplysia*

A1 Beschreiben Sie anhand der Diagramme die Auswirkungen des Trainings!
Abbildung A zeigt Aktionspotenziale eines sensorischen Neurons im Siphon und eines nachgeschalteten Motoneurons in der Kieme bei einem Kontrolltier und bei einem sensitivierten Tier. Bei gleicher Amplitude des Aktionspotenzials des sensorischen Neurons fällt die Amplitude des Motoneurons nach dem Training etwa

doppelt so hoch aus wie beim Kontrolltier, das nicht trainiert wurde.
Abbildung B zeigt die mittlere Dauer des Siphoneinzugs bei sensitivierten Tieren im Vergleich zu Kontrolltieren. Nach dem Training verlangsamt sich die Reaktion von etwa 20 Millisekunden auf etwa 175 Millisekunden.
Abbildung C zeigt die mittlere Amplitude postsynaptischer Potenziale eines Kiemenmotoneurons bei sensitivierten Tieren im Vergleich zu Kontrolltieren. Die Amplitude des trainierten Tiers ist etwa doppelt so hoch ie die des Kontrolltiers.

A2 Erklären Sie die Trainingseffekte mithilfe Ihrer Kenntnisse der entsprechenden zellulären und molekularen Grundlagen!
Nach kurzem Training schütten verstärkende Interneuronen den Transmitter Serotonin aus, der in der Membran des nachgeschalteten Interneurons an einen spezifischen Rezeptor bindet und über ein G-Protein die Adenylatzyklase aktiviert. Dieses Enzym bildet cAMP, das die Kaliumionenkanäle so verändert, dass sie länger geöffnet bleiben. Dadurch verlängert sich die Repolarisationsphase. Zusätzlich werden mehr Transmittervesikel gebildet. Bei längerem Training werden noch Gene aktiviert, die eine Vergrößerung der Synapsen oder die Ausbildung neuer Synapsen bewirken. Diese Effekte können bereits nach vier Trainingseinheiten eine Woche und länger nachgewiesen werden.

Material B – NMDA-Rezeptor und das Lernen beim Menschen

B1 Beschreiben Sie den in der Abbildung dargestellten Prozess!
Auf ein einlaufendes Aktionspotenzial öffnen sich spannungsgesteuerte Kalziumionenkanäle. Der Einstrom der Kalziumionen bewirkt ein Verschmelzen der Transmittervesikel mit der Membran und die Ausschüttung des Transmitters Glutamat in den synaptischen Spalt. In der postsynaptischen Membran befinden sich NMDA-Rezeptoren und Natriumionenkanäle, die beide durch Glutamat aktiviert werden. Durch die Bindung des Glutamats kommt es zu einem Natriumioneneinstrom in das postsynaptische Neuron, der eine Depolarisation der Membran bewirkt. Diese Depolarisation führt zur Ablösung des Magnesiumions, das den NMDA-Rezeptor blockiert. Dadurch kann Glutamat an den NMDA-Rezeptor binden und den Einstrom von Kalziumionen ermöglichen. Der Kalziumioneneinstrom hat mehrere Effekte: Zum einen aktivieren Kalziumionen eine Proteinkinase, die wiederum eine Genaktivierung auslöst, die schließlich zur Neubildung von Synapsen im postsynaptischen Neuron führen. Zum anderen bewirken die Kalziumionen eine Erhöhung der Leitfähigkeit der NMDA-Rezeptoren (*Zusatzinformation: durch Phosphorlierung*) und auch eine Neubildung der Rezeptoren. Durch die Aktivierung der Proteinkinase wird außerdem ein zurückwirkender, also retrograder Botenstoff aktiviert, der in der Präsysnapse wiederum Enzyme aktiviert, sodass eine erhöhte Freisetzung des Transmitters Glutamat erfolgt.
Zusatzinformation: Der retrograde Botenstoff ist noch unbekannt. Man nimmt an, dass es sich um den gasförmigen Transmitter Stickstoffmonoxid, NO, handelt.

B2 Erläutern Sie, inwiefern der NMDA-Rezeptor zu einem Lernprozess beitragen kann!
Durch die Verstärkungsfunktion des NMDA-Mechanismus kann die Weiterleitung von Nervensignalen intensiviert werden. Diese Intensivierung kann Teil eines komplexeren Lernprozesses sein.

Junge und alte Gehirne im Vergleich

Seite 172–174

1 Stellen Sie in einer Tabelle die Eigenschaften junger und alter Gehirne gegenüber!

junge Gehirne	alte Gehirne
hohe Vernetzungsdichte	geringere Vernetzungsdichte
weniger effektive Verschaltung	effektivere Verschaltung
geringe Selektivität	höhere Selektivität
geringer Grad an Strukturierung	hoher Grad an Strukturierung

2 Beurteilen Sie die Gewinnchancen junger und alter Menschen beim Schachspiel aus neuronaler Sicht!
Ein älterer und erfahrener Mensch hat prinzipiell die höheren Chancen zu gewinnen, da sein Gehirn effektiver arbeitet. Ein jüngerer Mensch hat seine Chance in unkonventionellem Handeln, da sein Gehirn offener agiert. Übung und Begabung spielen dabei eine große Rolle.

Seite 175 (Material)

Material A – Morbus Parkinson

A1 Beschreiben Sie die Veränderungen im Gehirn eines Parkinson-Patienten und deren Folgen!
Im Gegensatz zum Schnitt durch das Gehirn eines Parkinson-Patienten zeigt der Schnitt durch ein gesundes Gehirn einen auffälligen schwarz gefärbten Bereich. Diese Substantia nigra fehlt beim Parkinson-Patienten fast vollständig. In diesem Bereich des Mittelhirns befinden sich die Basalganglien und Neuronen, die Dopamin als Transmitter nutzen. Da die Basalganglien Schaltstationen zur Bewegungskoordination darstellen, kommt es bei deren Ausfall zu den typischen Symptomen der Parkinson-Krankheit wie Zittern, Koordinationsstörungen, Verlangsamung der Bewegungsabläufe.

A2 Beschreiben Sie die Prozesse der Proteinfaltung und des Protein-Recyclings!
Nach der Proteinbiosynthese liegt die Aminosäuresequenz in der Pimärstruktur vor. Durch Chaperone wird das Protein in die funktionelle dreidimensionale Sekundär- und Tertiärstruktur gefaltet, welche durch Wasserstoffbrücken oder zwischenmolekulare Anziehungskräfte stabilisiert wird. Sollten dabei Fehler auftreten oder die dreidimensionale Struktur durch Lösung von Wasserstoffbrücken teilweise wieder entfaltet werden, kommen erneut Chaperone zum Einsatz, um die funktionelle Raumstruktur herzustellen.
Sollte dies wiederum nicht gelingen, werden falsch gefaltete Proteine durch das Protein Parkin mit Ubiquitin markiert. Diese Markierung führt dazu, dass das falsch gefaltete Protein durch ein Proteasom, ein Enzym, welche Aminosäureketten in deren Bausteine zerlegt, abgebaut wird.

A3 Erklären Sie, wie es zu den Proteinansammlungen kommen kann!
Proteinansammlungen entstehen, wenn die falsch gefalteten Proteine nicht mehr abgebaut werden können, weil beispielsweise die Chaperone nicht richtig arbeiten oder das Protein Parkin durch eine Mutation im codierenden Gen so verändert ist, dass es nicht mehr die abzubauenden Proteine mit Ubiquitin markiert.

A4 Erläutern Sie mögliche Maßnahmen zur Verringerung des Dopaminmangels im Gehirn!
Dem Dopaminmangel im Gehirn versucht man zu begegnen, indem man die Vorstufe L-Dopa als Medikament nimmt, damit daraus Dopamin enzymatisch hergestellt wird. Oder es werden Dopamin-Agonisten eingesetzt, die zwar nicht die Dopaminmenge erhöhen, aber die Wirkung des Dopamins unterstützen, indem sie in der postsynaptischen Membran Dopamin-Rezeptoren besetzen und eine ähnliche Wirkung erzielen wie das Dopamin. Eine weitere Möglichkeit besteht darin, den Abbau des Dopamins zu verhindern, indem die für den Abbau zuständigen Enzyme in ihrer Wirkung gehemmt werden. Dazu nimmt man spezifische Inhibitoren ein.

3 Kommunikation und Sprache

Formen der Kommunikation

Seite 176–178

1 Fassen Sie die unterschiedlichen Kommunikationsformen zusammen und nennen Sie jeweils ein Beispiel!
Die Kommunikationsformen lassen sich unterteilen in die akustische, chemische, visuelle und taktile Kommunikation. Tiere, die wie Wale im Wasser oder in dunklen Lebensräumen leben, nutzen für ihre Verständigung die akustische Kommunikation. Töne eignen sich insbesondere zur Kommunikation über sehr weite Entfernungen. Viele Organismen, zum Beispiel Insekten, kommunizieren untereinander über chemische Substanzen. Visuelle Signale zeigen die Position des Senders eindeutig an. Sie sind sehr variabel und leicht zu erzeugen, haben aber den Nachteil, dass Licht notwendig ist. Die visuelle Kommunikation wird zum Beispiel von Glühwürmchen genutzt. Tiere, die in engem Kontakt stehen, nutzen die taktile Kommunikation. Soziale Insekten wie Ameisen, Termiten und Bienen verständigen sich zum Beispiel, indem sie einander mit ihren Antennen und ihrem ersten Beinpaar betasten.

2 Beschreiben Sie die Sprachproduktion des Menschen!
Die Sprachproduktion des Menschen lässt sich in die Stimmbildung und die Artikulation unterteilen und basiert auf der speziellen Anatomie des Rachen-Nasen-Mund-Raums. Diese unterscheidet sich grundlegend von der anderer Primaten, die daher nicht in der Lage sind, so reichhaltige akustische Signale wie der Mensch zu erzeugen. Die Stimmbildung erfolgt im Kehlkopf, wodurch Spannungsänderungen in den Stimmbändern Töne und Klänge verschiedener Grundfrequenz erzeugt werden. Im Mund-Rachen-Raum werden dann durch das Zusammenspiel von Zunge, Mundmuskulatur und der Stellung des Gaumensegels Resonanzräume gebildet, deren Frequenzen die Grundlage von erkennbaren Sprachlauten wie beispielsweise Vokalen sind. Dies nennt man Artikulation. Zum einwandfreien Sprechen ist die genaue Koordination von Atmung, Kehlkopfmuskulatur, Zungen- und Mundmuskulatur und die ständige Überprüfung des Gehörs notwendig.

Seite 179 (Material)

Material A – Die „Sprache" der Pflanzen

A1 Ordnen Sie die „Sprache" der Pflanzen einer Kommunikationsform zu und begründen Sie Ihre Zuordnung!
Bei der Reaktion von Pflanzen auf Fraßschäden handelt es sich um eine chemische Kommunikation, da die Kommunikation über chemische Duftstoffe erfolgt, die im Empfänger zu einer spezifischen Antwort führt.

A2 Fassen Sie die wesentlichen Aussagen der Gaschromatogramme zusammen!
Die Gaschromatogramme zeigen die Konzentration von zwölf Duftstoffen von Laubblättern einer Limabohne, die einmal durch die Fraßtätigkeit einer Raupe und einmal durch die Fraßtätigkeit einer Schnecke freigesetzt werden. Beide Fraßtätigkeiten erzeugen ein spezifisches Duftstoffmuster.

A3 Stellen Sie Hypothesen über die biologische Funktion der Duftstoffe auf!
Die induzierten Duftstoffe könnten dazu führen, dass zum Beispiel andere Pflanzen „gewarnt" werden, weitere Signalkaskaden in der verwundeten Pflanze aktiviert werden, Abwehrmechanismen in Gang gesetzt werden oder Raubinsekten angelockt werden.

Neurobiologie der Sprache

Seite 180–182

1 Erläutern Sie mithilfe der Abbildung 03 auf Seite 181 das Modell der Sprachverarbeitung!
Gelesene Wörter werden in der Sehrinde verarbeitet. In weiteren visuellen Kortexarealen findet dann die visuelle Worterkennung statt. Gehörte Wörter werden dagegen in der Hörrinde verarbeitet. Im Gyrus angularis findet dann die auditorische Worterkennung statt. In beiden Fällen erfolgt dann die weitere Verarbeitung in der linken Großhirnhälfte vom Wernicke-Areal über das Broca-Areal, wo die semantische Assoziation stattfindet, zum primären Motorkortex, der die motorische Sprachkontrolle übernimmt und letztlich die Sprachproduktion auslöst.
Die Informationen von gelesenen und gehörten Wörtern können aber auch direkt zum primären Motorkortex geleitet werden. Das bedeutet, dass Menschen in diesem Fall Wörter zwar nachsprechen können, den Sinn des Wortes aber nicht verstehen. Eine strikte funktionelle Trennung der einzelnen Regionen wurde jedoch bisher nicht nachgewiesen. Die Grenzen dieser sprachverarbeitenden Systeme sind nicht genau zu lokalisieren und von Person zu Person unterschiedlich.

2 Erklären Sie, weshalb die Untersuchung von Split-Brain-Patienten wichtige Hinweise für die Lateralisierung spezifischer Hirnfunktionen wie Sprache liefern kann! Berücksichtigen Sie bei Ihren Überlegungen die Abbildung 04 auf Seite 181!
Bei Split-Brain-Patienten ist der Balken durchtrennt worden, sodass die beiden Hemisphären keine Verbindung haben und ihre Funktionen getrennt untersucht werden können. So kann zum Beispiel untersucht werden, ob bestimmte Informationen nur in einer Hemisphäre verarbeitet werden, also eine Lateralisierung vorliegt. Zeigt man einem Split-Brain-Patienten zum Beispiel auf einem Bildschirm Worte von Gegenständen, die er hinter dem Bildschirm mit einer Hand ertasten soll, so ergibt sich ein bemerkenswerter Befund: Das Wort Apfel kann die Patientin aussprechen, wogegen sie zu dem Wort Löffel nur mit ihrer linken Hand den entsprechenden Gegenstand hinter dem Spiegel ertasten kann. Aussprechen kann sie das Wort dagegen nicht. Dieser Befund ist ein wichtiges Indiz für die Lateralisierung von Sprache im menschlichen Gehirn.

Seite 183 (Material)

Material A – Spracherwerb bei Kindern

A1 Erläutern Sie, wie die beiden Untersuchungen durchgeführt wurden!
In der ersten Untersuchung wurde die mittlere Anzahl der gesprochenen Worte von Mädchen und von Jungen im Alter von 16 bis 30 Monaten untersucht. Für diese Untersuchung wird die Anzahl der gesprochenen Worte von Kleinkindern in einem bestimmten Zeitintervall, in diesem Fall jeweils einem Monat, dokumentiert.
In der zweiten Untersuchung werden Einzelfallstudien angefertigt, indem die mittlere Wortanzahl pro Äußerung in Abhängigkeit vom Alter dokumentiert wird. Der Untersuchungszeitraum beschränkt sich auf das Alter von Kindern zwischen 24 und 36 Monaten.

A2 Beschreiben Sie die Ergebnisse der beiden Untersuchungen!
In der ersten Untersuchung ist zu erkennen, dass sowohl bei Mädchen als auch bei Jungen die mittlere Anzahl der gesprochenen Worte von 16 bis 30 Monaten fast linear von unter 100 auf etwa 500 Worte ansteigt. Die Kurve, die sich aus der Untersuchung der Jungen ergibt, liegt dabei unter der Kurve der Mädchen.
In der zweiten Untersuchung erkennt man, dass die mittlere Wortanzahl pro Äußerung von etwa einem Wort im Alter von 24 Monaten auf etwa vier Worte im Alter von 34 Monaten fast linear zunimmt. Die letzten zwei Werte fallen allerdings leicht.

A3 Werten Sie die Ergebnisse der beiden Untersuchungen im Hinblick auf den Spracherwerb bei Kindern aus!
Aus den Untersuchungen lässt sich ableiten, dass die Anzahl der gesprochenen Worte und die Wortanzahl pro Äußerung in den ersten Monaten von Kleinkindern kontinuierlich zunehmen. Während Kleinkinder im Alter von 16 Monaten lediglich 100 Worte sprechen können, sind es bei Jungen und Mädchen im Alter von 28 Monaten schon 400 beziehungsweise 500 Worte. Innerhalb eines Jahres erlernen Jungen und Mädchen die vierfache beziehungsweise fünffache Anzahl an Worten. Die mittlere Anzahl von Worten pro Äußerung verdreifacht sich innerhalb eines Jahres. Bemerkenswert ist, dass Mädchen im Kleinkindalter im Vergleich zu

Jungen eine höhere Anzahl von Worten sprechen können. Möglicherweise liegt dies an einer unterschiedlichen Gehirnentwicklung von Mädchen und Jungen.

Material B – Unser mathematisches Gehirn

B1 Beschreiben Sie das Modell der Zahlenverarbeitung im Gehirn und erläutern Sie anhand dieses Modells das Prinzip der Modularität!
Das dargestellte Modell der Zahlenverarbeitung postuliert separate Verarbeitungskomponenten für drei unterschiedliche Repräsentationsformen von Zahlen und Mengen. Die visuelle Identifizierung von Ziffern ist neuroanatomisch im visuellen Kortex in beiden Großhirnhälften angesiedelt, die Verarbeitung von gesprochenen und geschriebenen Zahlwörtern erfolgt im Broca-Areal der linken Großhirnhälfte. Das Wissen um die nummerische Größe einer Menge oder Zahl wird bilateral im Parietalkortex verarbeitet. Diese drei neurokognitiven Komponenten interagieren, wann immer Zahlenverarbeitung im Gehirn stattfindet.
Die Verarbeitung der unterschiedlichen mathematischen Operationen erfolgt wie bei der Sprachverarbeitung in getrennt voneinander arbeitenden modularen Systemen. Nur die Interaktion dieser Module führt letztendlich zu einer unbeeinträchtigten Zahlenverarbeitung.

B2 Beschreiben und deuten Sie die Ergebnisse der Untersuchungen an Rhesusaffen!
Neuronen im Gehirn von Rhesusaffen reagieren auf bestimmte Zahlen. Neuron 1 beispielsweise ist am aktivsten, wenn sich die Tiere eine Menge von zwei Punkten ansehen. Neuron 2 und 3 zeigen die höchste Aktivität bei einer Punktmenge von vier beziehungsweise sechs. Ganz spezifisch codieren die Neuronen die betreffenden Mengen allerdings nicht, denn sie feuern auch schwach bei der Präsentation von Nachbarzahlen.
Manche Nervenzellen im Gehirn von Rhesusaffen codieren einfache Rechenoperationen. Neuron 1 ist besonders aktiv, wenn die Rhesusaffen per Tastendruck entscheiden, dass eine Punktmenge kleiner ist als eine andere. Neuron 2 weist dagegen eine hohe Aktionspotenzialfrequenz auf, wenn die Rhesusaffen per Tastendruck entscheiden, dass eine Punktmenge größer ist als eine andere.

B3 Stellen Sie Hypothesen auf, inwiefern ein Zahlenverständnis für Tiere lebensnotwendig sein könnte!
Für Tiere kann es lebensnotwendig sein, zum Beispiel größer als und kleiner als erkennen zu können, wenn es um die Wahrnehmung von Gegnern geht. Tiere, die in der Lage sind, die zahlenmäßige Überlegenheit von Gegnern zu erkennen, flüchten und überleben. Die genetische Grundlage dieser einfachen Rechenoperation wird dann an nachfolgende Generationen vererbt. Analoges gilt für Beute oder die Menge an Nahrung.

Seite 186 (Klausurtrainer)

Training A – Morbus Alzheimer

a Beschreiben Sie die Veränderungen im Gehirn bei Morbus Alzheimer und erklären Sie den Zusammenhang zwischen den Veränderungen im Bereich des Hippocampus und den Symptomen der Alzheimer-Krankheit!
Das Gehirn des Alzheimer-Patienten ist im Vergleich zum Gehirn eines gesunden Menschen geschrumpft. Weite Teile der Großhirnrinde sind verloren gegangen, die Furchen und Hohlräume haben sich durch den massiven Zellverlust vergrößert. Auch der Bereich des Hippocampus ist vom Zellsterben betroffen. Er ist ein Teil des limbischen Systems, der mit der Erzeugung, der Archivierung und dem Abruf von Inhalten des Langzeitgedächtnisses zu tun hat. Daher erkennen Alzheimer-Patienten vertraute Personen nicht mehr, können sich zunächst an die jüngsten Ereignisse und im späteren Verlauf der Erkrankung auch an Vergangenes nicht mehr erinnern. Ihnen fehlt das Verständnis für Raum und Zeit und die Möglichkeit der Orientierung. Deshalb ist die Bewältigung des Alltags zunehmend schwierig.

b Stellen Sie eine Hypothese zu den neurophysiologischen Ursachen der Alzheimer-Krankheit auf!
Neben dem Absterben der Nervenzellen sind typische Kennzeichen der Alzheimer-Erkrankung extrazelluläre Amyloid-Plaques und intrazellulär vorkommende Neurofibrillenbündel. Die Amyloid-Plaques können Immunzellen des Gehirns aktivieren, die dann entzündliche, gewebsschädigende Reaktionen im Gehirn auslösen. Außerdem können die Amyloid-Plaques mit bestimmten Rezeptoren von Kalziumionenkanälen interagieren und so die Durchlässigkeit neuronaler Membranen für Kalziumionen erhöhen. Dadurch wird einerseits die synaptischen Signalübertragung beispielsweise im Hippocampus beeinflusst. Andererseits aktiviert ein erhöhter Kalziumionenspiegel in der Zelle verschiedene Kinasen, die andere Moleküle phosphorylieren. Bei gesunden Menschen werden defekte Tau-Proteine, welche die Mikrotubuli innerhalb des Axons stabilisieren, enzymatisch phosphoryliert. Daraufhin lösen sich die defekten Tau-Proteine von den Mikrotubuli, werden abtransportiert und abgebaut. Durch den hohen Kalziumionenspiegel und die erhöhte Kinase-Aktivität werden bei Alzheimer-Patienten die Tau-Proteine deutlich stärker phosphoryliert, sodass sie sich von den Mikrotubuli lösen und zu Neurofibrillen zusammenlagern. Dadurch werden die Mikrotubuli instabil und brechen auseinander, sodass der Transport über das Axon zum Erliegen kommt und das Neuron abstirbt.

c Stellen Sie eine Hypothese auf, wie eine Behandlung mit körperfremden Peptiden, die sich mit den Proteinen der Plaques verbinden, zur Heilung beitragen könnte!

Wenn die körperfremden Peptide mit den einzelnen Proteinen der Plaques eine enge Verbindung eingehen, wird dadurch verhindert, dass sich die Amyloid-Fragmente sich zu großen Plaques zusammenlagern. Dann unterbliebe möglicherweise die Wirkung auf die Rezeptoren der Kalziumionenkanäle, sodass diese nicht geöffnet blieben und es nicht zu einem erhöhten Kalziumionenspiegel mit den verheerenden Folgen für die Mikrotubuli käme.

Bildquellenverzeichnis

Titel

Pfeilgiftfrosch: Vario-Images/Design Pics

Seite 3

Nervensystem Mensch: GlowImages/Super-Stock
Mädchen mit Luftballon: Shutterstock/Sergey Dolgikh
Schimpanse mit Spiegel: Fotolia/lifeonwhite.com